高等院校**计算机**
**基础课程**新形态系列

U0739918

# Python
# 程序设计基础

**接标 陈付龙** / 主编

人 民 邮 电 出 版 社
· 北 京

**图书在版编目（ＣＩＰ）数据**

Python程序设计基础 / 接标，陈付龙主编. -- 北京：
人民邮电出版社，2024.1（2024.7重印）
高等院校计算机基础课程新形态系列
ISBN 978-7-115-61635-7

Ⅰ．①P… Ⅱ．①接… ②陈… Ⅲ．①软件工具－程序
设计－高等学校－教材 Ⅳ．①TP311.561

中国国家版本馆CIP数据核字(2023)第066616号

## 内 容 提 要

为了满足高等院校非计算机专业 Python 教学的需求，本书对 Python 的基础知识及基本应用展开
介绍。全书共 8 章，第 1 章为 Python 概述，第 2 章介绍数据类型，第 3 章介绍程序控制结构，第 4 章
介绍函数，第 5 章介绍组合数据类型，第 6 章介绍文件和数据格式化，第 7 章和第 8 章分别介绍标准
库和第三方库。本书理论知识翔实，实例丰富，提供习题及习题参考答案，还提供相关电子教学资源。

本书可作为各高等院校计算机公共课程（Python 程序设计）的教材及相关等级考试的参考书，也
可供相关技术人员参考使用。

◆ 主　编　接　标　陈付龙
　　责任编辑　刘　博
　　责任印制　王　郁　陈　犇
◆ 人民邮电出版社出版发行　　北京市丰台区成寿寺路 11 号
　　邮编　100164　电子邮件　315@ptpress.com.cn
　　网址　https://www.ptpress.com.cn
　　北京天宇星印刷厂印刷
◆ 开本：787×1092　1/16
　　印张：12.25　　　　　　　　　2024 年 1 月第 1 版
　　字数：311 千字　　　　　　　2024 年 7 月北京第 2 次印刷

定价：59.80 元

读者服务热线：**(010)81055256** 印装质量热线：**(010)81055316**
反盗版热线：**(010)81055315**
广告经营许可证：京东市监广登字 20170147 号

　　"Python 程序设计"课程是很多高等院校非计算机专业的基础课程，要求学生能够理解 Python 的基础知识及其基本应用，目标是培养学生分析问题和解决问题的能力，为帮助学生解决后续专业课程相关问题打下坚实的基础。Python 的应用范围非常广，涉及科学计算、数据处理、人工智能等领域，其语法精练，简单易学。

　　本书以培养学生的 Python 应用能力为目标，主要介绍 Python 的基本概念、基本数据类型、程序控制结构及部分库等。全书共 8 章。第 1 章介绍 Python 的基本情况和基础知识；第 2～4 章介绍 Python 的数据类型、程序控制结构、函数的定义及应用等，它们是程序语言的基础部分，也是培养学生解决问题能力的关键所在；第 5 章介绍组合数据类型的定义及使用方法；第 6 章介绍文件的读写操作及数据格式化方法等，以进一步提高学生的数据处理能力；第 7 章和第 8 章分别介绍 Python 的标准库和第三方库，以扩展学生的相关知识面，使学生能够在更大的范围内应用 Python。

　　本书有以下特色。

　　（1）实例丰富，助力理解。在介绍程序设计的基本方法和技巧之后，本书列举了诸多应用实例。

　　（2）可帮助学生在学习过程中养成良好的思维方式和学习习惯。

　　（3）注重科学性和实用性，便于阅读，易于理解。

　　本书由接标、陈付龙担任主编，接标、陈付龙对全书的内容框架进行了整体的设计与把关。此外，参与编写的老师还有赵诚、沈展、夏芸、徐德琴、凌宗虎、李文利、费晶晶。全书由接标负责统稿。同时，出版社相关老师也给予了大力支持。

由于编者水平有限，书中难免存在欠妥之处，在此，由衷地希望广大读者能够拨冗提出宝贵的建议。

编　者

2023 年 3 月

# 目录

Contents

## 第 6 章 文件和数据格式化

## 第 7 章 标准库

## 第 8 章 第三方库

# 第1章 Python 概述

Python 是一门解释型程序设计语言，包含各类应用工具，因此它也是一门受欢迎的、被广泛使用的程序设计语言。

学习目标：

（1）了解程序设计语言的概念；

（2）了解 Python 的发展历程和特点；

（3）了解 Python 程序的运行过程与 Python 的开发环境；

（4）理解 Python 程序的语言要素；

（5）理解 IPO 模式，以及输入、输出和转换函数。

## 1.1 程序设计语言

程序设计语言主要包括机器语言、汇编语言及高级语言，能够实现人与计算机之间的交流，它们的发展并不像人类自然语言那样缓慢。从最初的机器语言到如今的高级语言，每一门程序设计语言都有其特定的用途和发展轨迹，且一直处于不断的发展和变化中。

### 1.1.1 程序设计语言的概念

在人类的发展历程中，人们为了传递信息、表达思想、交流感情而发明了各种语言，如汉语、英语等，这些供人类进行交流的语言称为自然语言。自世界上第一台通用计算机 ENIAC（Electronic Numerical Integrator And Computer，电子数字积分计算机）诞生以来，计算机已发展了半个多世纪。为了更好、更有效地与计算机进行交流，指挥其工作，人们发明、设计出许多专门用来与计算机进行交流的语言，这些语言称为程序设计语言。程序设计语言相对自然语言来说，使用的词汇不多，语法简单，语义清晰，便于用来控制计算机。

计算机是能够自动进行数据处理的电子设备。计算机能够有条不紊地工作的根本原因在于计算机是在程序的控制下进行工作的。程序实际上就是用于指挥计算机工作，使计算机完成指定任务的指令序列。编写程序的过程称为程序设计，编写程序时使用的语言就是程序设计语言。

每种处理器都有自己专用的机器指令集合，处理器能够直接识别并执行这些指令。指令的数量有限，每条指令用一段二进制代码进行标识，然后由硬件来完成指令的功能。计算机的工作是通过执行程序来完成的，而计算机可以直接识别并执行的程序就是用二进制代码表示的机器语言程序。

起初，人们只能直接用二进制代码编写程序来控制计算机，二进制代码称为机器语言。对人们来说，直接用机器语言编写程序是一件十分痛苦的事，因为使用机器语言编写程序的前提是必须记住每组二进制代码对应的是什么指令。后来，人们发明了汇编语言，用便于记忆的符号代替二进制代码，但实际上汇编语言仅是机器语言的一种助记符，它们没有本质的区别，使用仍然不便。

在这种情况下，人们发明了各种高级程序设计语言（简称高级语言）。高级语言接近人类的自然语言，更加符合人类的思维方式。目前，较为流行的高级语言有 Python、C/C++、Java 等。高级语言的描述形式更符合人类习惯，所以更容易被接受，这使得更多的人能够参与程序设计活动。高级语言极大提高了开发效率，人们使用高级语言设计出了很多应用系统，这些应用系统极大地促进了计算机行业的发展。可以说，高级语言的诞生和发展对当今社会的信息化起到了极其重要的作用。

## 1.1.2 算法概述

任何问题都是按照一定的步骤进行求解的。一般来说，解决实际问题的方法和有限的步骤序列称为算法，算法是一个有穷规则的有序集合。计算机科学家尼克劳斯·沃思（Niklaus Wirth）曾经提出了一个公式："程序=算法+数据结构"。由此可知，算法是程序设计的关键，是程序的"灵魂"。换句话说，只有能够通过算法描述出来的问题，才能够使用计算机进行求解。只有不断积累编程经验，逐步培养并提升分析、分解、抽象算法的能力，才能掌握分析实际问题、解决复杂问题的方法。

归纳起来，算法一般具有以下几个特征。

（1）有穷性。算法要包含有限的操作步骤，每一步都要在有限的时间内终止。

（2）确定性。算法的每一步应当有明确的含义，相同的输入只能得到唯一的输出。

（3）可行性。算法的所有步骤都必须是可行的，且能得到有效的结果。

（4）输入。算法可以有多个输入，也可以没有输入。

（5）输出。算法必须有输出，可以有多个输出。

一个特定的实际问题可能有多种不同的解决方法或途径，这些不同的解决方法或途径就对应了不同的算法。那么算法的优劣应该如何评价？在最终决定解决问题的方案时，究竟应该选择哪种算法？一般来说，主要通过算法的时间复杂度和空间复杂度来评价算法。这两个指标侧重于评价算法的运行效率，通常从运行算法时需要的时间和空间代价方面进行考量。在相同条件下，若某个算法与其他算法相比，时间复杂度与空间复杂度更低，则其性能更优。

算法可以用任何形式的语言和符号来描述。目前，算法的描述形式主要有如下几种。

### 1．自然语言

自然语言可以是中文、英文、数学语言等。用自然语言描述算法的优点是通俗易懂，缺点是文字可能过于冗长、在语言表述不规范时容易造成二义性、描述复杂算法较困难等。

**例 1-1**　设计一个算法，输出 20 以内的所有质数并统计数量。

【问题分析】

一个正整数可以是两个整数的乘积，这两个整数称为该正整数的因子。例如，6=2×3=1×6，那么 1、2、3、6 都是 6 的因子。质数也称为素数，它是一类特殊的正整数，除了 1 和该数自身之外没有其他因子。因此，对于一个正整数 $n$（$n>2$），若能在整数集[2,$n$-1]中找到一个整数 $i$，使得 $n$ 可被 $i$ 整除，那么 $i$ 就是 $n$ 的因子，此时可以直接断定 $n$ 不是质数。对于复杂问题，算法需要分层设计。本例需要先设计质数判定算法，再设计最终算法。

【问题解答】

（1）质数判定算法。

输入：整数 $n$。

输出："是"或"否"。

算法：对于 $2\sim n-1$ 的每一个整数 $i$，从小到大依次检查 $n$ 是否可以被 $i$ 整除；如果 $n$ 可以被 $i$ 整除，则直接输出"否"；如果 $i$ 增加到 $n-1$ 仍然无法整除 $n$，则输出"是"。

（2）最终算法。

输入：无。

输出：20 以内所有的质数及质数的数量。

算法：设定一个计数器，用它来记录质数的数量，并将其初始值设置为 0；对于 $2\sim20$ 的每一个整数 $n$，调用质数判定算法，如果 $n$ 是质数，则输出 $n$，同时计数器加 1；最后，输出计数器的值。

## 2．流程图

在流程图中，图形符号用来表示各种操作，直观、形象、简单，便于理解和交流。我们可用流程图来描述算法。美国国家标准学会（American National Standards Institute，ANSI）规定了一些常用的标准流程图符号，如图 1-1 所示。

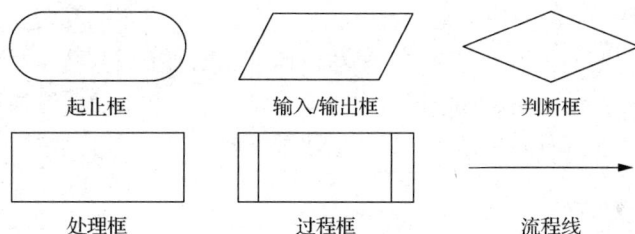

图 1-1　常用的标准流程图符号

## 3．伪代码

伪代码是介于自然语言与程序设计语言之间的文字，它不包含图形符号。用伪代码描述算法考虑了计算机实现，伪代码书写方便、格式紧凑，可轻松地转换成程序设计语言。

**例 1-2**　设计一个算法，给定两个正整数，输出它们的最大公约数。

【问题分析】

最大公约数也称为最大公因子，它是指两个正整数的公因子中最大的那个。例如，12 的因子有 1、2、3、4、6、12，9 的因子有 1、3、9，12 和 9 的公因子有 1 和 3，最大公因子是 3；再如，6 的因子有 1、2、3、6，12 和 6 的最大公因子是 6；又如，5 的因子有 1、5，12 和 5 的公因子只有 1，最大公因子是 1。根据最大公约数的定义，两个正整数的最大公约数的上限不会大于两个数中较小的那个，下限为 1。

【问题解答】

```
#伪代码
{
    输入两个正整数 m 和 n
    如果 m<n，则 min=m，否则 min=n
    i 的初始值设置为 min，依次减 1，终止值为 1，执行下列子代码段
```

```
{
    如果 m 和 n 能同时被 i 整除，则输出 i 后程序终止
}
}
```

**4．程序设计语言**

计算机无法识别自然语言、流程图及伪代码，算法只有通过程序设计语言表达后才可以在计算机上运行。因此，程序设计也可以看成算法语言化的过程。可见，只有熟练掌握程序设计语言，能将处理某个实际问题的算法准确无误地用程序设计语言表达，才能在计算机上实现这个算法，并最终利用计算机解决实际问题。

### 1.1.3 程序设计的基本步骤

程序设计的基本步骤如下。

**1．确定数学模型（或数据结构）**

在进行程序设计之前，应该先把实际问题用数学语言抽象出来，形成一般性的数学问题，从而给出问题的数学模型。数学模型需要准确地表达问题本身涉及的各种约束条件和所求结果，以及条件和结果之间的联系。确定数学模型是解决实际问题的前提和基础。

**2．描述算法**

算法有一个显著特征：它解决的是一类问题，而不是一个特定的问题。关于算法，我们需要考虑以下 3 个方面的问题：如何确定算法（算法设计）、如何描述算法（算法描述），以及如何使算法更有效（算法优化）。确定数学模型之后，就要开始考虑解决问题的具体方案，并采用自然语言、伪代码等对算法进行初步描述。算法描述重点展示程序设计的思路，它是进行程序调试的重要参考。

**3．编写、调试程序**

确定要使用的程序设计语言，根据算法描述，将设计好的算法用程序设计语言表达出来。编写程序的过程中通常会遇到两类错误：语法错误和逻辑错误。语法错误的检查相对容易，而逻辑错误的检查要困难一些。编写程序就像用自然语言来写文章，首先语法要正确。但语法没错误，并不意味着这篇文章就符合要求了，因为这篇没有语法错误的文章有可能词不达意、让人不知所云。同理，在调试程序时要处理的问题就是找出程序中的逻辑错误，这是一个需要耐心和经验的过程。编程过程中一般需要反复编码与调试，才能得到能够运行且结果符合预期的程序。

**4．测试程序**

程序员必须科学、严格地测试程序，才能最大程度地保证程序的正确性。通过测试程序还可以对程序的性能做出评估。

### 1.1.4 编译与解释

不同高级语言对应的计算机程序的执行方式不同。按照计算机程序的执行方式，高级语言可以分为静态语言和脚本语言两类。用静态语言编写的程序采用编译执行的方式，用脚本语言编写的程序则采用解释执行的方式。

**1．编译**

编译是将源代码转换成目标代码的过程。源代码是计算机中用高级语言编写的代码，目标代

码则是用机器语言编写的代码，执行编译操作的计算机程序称为编译器（Compiler）。

**2．解释**

解释是将源代码逐条转换成目标代码，同时逐条执行目标代码的过程。执行解释操作的计算机程序称为解释器（Interpreter）。

编译和解释这两种执行方式的区别类似于外语资料的笔译和同声传译。编译是一次性的翻译，程序执行时不需要源代码。以解释方式执行的程序每次执行时都需要解释器和源代码，用 Python 编写的程序就是以解释方式执行的。

## 1.2 Python

Python 是一门面向对象的解释型程序设计语言，可应用于 Web 开发、科学计算、游戏开发、图形用户界面开发、模式识别与机器学习等领域。

### 1.2.1 Python 的发展历程

Python 由荷兰人吉多·范罗苏姆（Guido van Rossum）设计并领导开发。吉多·范罗苏姆理想中的程序设计语言能够方便地调用计算机的各项功能（如输出、绘图等），用这种语言编写出来的程序易读、可扩展，能够轻松地进行源代码的编写与执行，并且适合所有人学习和使用。1989年，他开始编写这种程序设计语言的脚本解释程序，并用他最喜欢的喜剧团 Monty Python 名字中的 Python 来命名。

Python 解释器的全部代码都是开源的，用户需要时可以在 Python 的官网上自由下载。第一个公开版本的 Python 于 1991 年发布。它是用 C 语言实现的，能调用 C 语言的库文件，且具有类、函数、异常处理等功能。Python 逐步发展出了 Python 2.x 和 Python 3.x 两个不同系列的版本，并且它们彼此不兼容。Python 2.x 在 2020 年后不再发布新版本，其最高版本是 Python 2.7。Python 3.x 版本在 2008 年后陆续发布，用 8 年时间逐步升级几万个 Python 标准库和第三方库后，在 2016 年完成了版本升级。

本书的程序是基于 Python 3.5 编写的。

### 1.2.2 Python 的特点

Python 作为一门流行的程序设计语言，有着非常多的优势和特点。Python 有如下鲜明的特点。

**1．程序简洁**

一段良好的 Python 程序应非常简洁，描述应非常接近人类的自然语言。用户在使用 Python 的过程中可以专注于需要解决的问题，而不必过多考虑程序设计语言的细节。

**2．源代码开放**

用户可以查看 Python 源代码，研究其代码细节或者进行二次开发。用户不需要为使用 Python 支付费用，也不涉及版权问题。因此，越来越多的程序员加入 Python 开发，Python 的功能也变得更加丰富和完善。

**3．跨平台**

Python 的开源本质决定了它可以被移植到多个平台。Python 的应用平台包括但不限于 Linux、Windows、macOS、Solaris、FreeBSD、Android、iOS 等。

**4．可扩展性**

Python 标准库支持处理正则表达式、多线程、数据库、图形用户界面等。Python 还有数量多、质量高、功能强的第三方库，极大地拓展了程序的开发场景，提高了程序的开发效率。

作为一门优秀的程序设计语言，Python 被广泛应用于各种领域，从简单的文本处理到 Web 开发和游戏开发，再到数据处理、网络服务、图形处理、科学计算和系统运维等。Python 的主要应用领域如下。

**1．系统运维**

Python 提供了应用程序接口（Application Programming Interface，API），能方便地进行系统维护和管理。

**2．图形处理**

Python 内置了 Tkinter 和标准面向对象接口，方便进行程序图形用户界面（Graphical User Interface，GUI）设计；Python 还有 PIL 等图形库的支持，方便进行图形处理。

**3．数据处理**

NumPy 扩展库提供了大量标准数学函数库的接口，SciPy 库和 Matplotlib 库提供了快速矩阵计算及绘图功能。众多扩展库使得 Python 十分适合工程技术人员及科研人员处理实验数据、制作图表、开发科学计算应用程序。

**4．文本处理**

re 模块支持正则表达式，用户利用 SGML 模块、XML 模块等可以很方便地进行 XML 程序开发。

**5．数据库编程**

Python 支持主流数据库系统，用户可以通过相关模块与 MySQL、Oracle、Microsoft SQL Server、Sybase、DB2、SQLite 等数据库进行通信。

**6．网络服务**

Python 支持使用套接字（Socket）进行网络通信。

**7．机器学习**

sklearn（scikit-learn）是基于 Python 的机器学习工具。它建立在 NumPy、SciPy、Pandas 和 Matplotlib 等库之上，方便、灵活，覆盖了机器学习算法从数据预处理到模型训练与评价的全过程。

## 1.3 Python 程序的运行

使用高级语言进行程序开发时，一般都需要集成开发环境（Integrated Development Environment，IDE）的支持。集成开发环境是提供程序开发环境的应用程序，一般包括代码编辑器、编译器、调试器和图形用户界面等，集成了代码编写功能、分析功能、编译功能、调试功能等。下面就从 Python 程序的运行过程、Python 的开发环境，以及 Python 程序的运行方式 3 个方面，对 Python 程序的运行进行详细介绍。

### 1.3.1　Python 程序的运行过程

Python 是脚本语言，用其编写的源程序可以直接运行。从计算机的角度来看，Python 程序的运行过程如图 1-2 所示，包含两个步骤：解释器将源代码翻译成字节码（中间码），然后虚拟机解释执行字节码。

图 1-2　Python 程序的运行过程

Python 程序文件的扩展名通常为.py。Python 程序运行时，先由 Python 解释器将.py 文件中的源代码翻译成字节码（字节码保存在扩展名为.pyc 的文件中），再由 Python 虚拟机（Python Virtual Machine，PVM）逐条将字节码翻译成机器指令并执行。

需要说明的是，.pyc 文件保存在 Python 安装目录的__pycache__文件夹下；如果 Python 无法在用户的计算机上写入字节码，字节码将只在内存中生成。主文件（直接运行的文件）因为只需要在内存中装载一次，所以系统一般不保存其字节码（.pyc 文件）。用关键字 import（后面章节中会提到）导入 Python 源文件时会生成.pyc 文件，此时在__pycache__文件夹下可以找到该文件。这样一来，.pyc 文件可以重复使用，提高了程序运行效率。

### 1.3.2　Python 的开发环境

#### 1．下载和安装 Python

用户可以在 Python 官网中下载 Python 安装包。Python 版本较多，且支持 Windows、Linux、macOS、Android 等不同的操作系统。因此，用户在选择 Python 安装包时需要明确运行 Python 的操作系统及 Python 的版本号。Python 安装包下载完成后，双击该安装包，并按照安装向导的提示依次操作，可以非常容易地完成 Python 的安装。

以在 Windows 7（64 位）操作系统中安装 Python 3.5.3（3.5.3 为版本号）为例，Python 安装成功后，Windows 操作系统的"开始"菜单中会出现图 1-3 所示的内容。

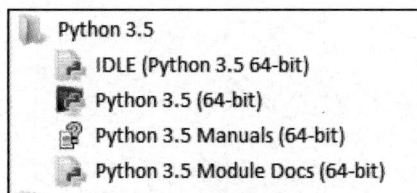

图 1-3　"开始"菜单中与 Python 3.5 相关的命令

- IDLE(Python 3.5 64-bit)：启动 Python 自带的集成开发环境 IDLE。
- Python 3.5(64-bit)：以命令行的方式启动 Python 解释器。
- Python 3.5 Manuals(64-bit)：打开 Python 的帮助文件。
- Python 3.5 Module Docs(64-bit)：以内置服务器方式打开 Python 模块帮助文件。

开发 Python 程序时一般需要在文本编辑器中编写源程序，然后交由解释器运行。IDLE 是 Python 安装包自带的编辑器，它也是一种集成开发环境。用户可以通过执行"开始"菜单中的"IDLE(Python 3.5 64-bit)"命令来打开 IDLE 窗口，IDLE 窗口如图 1-4 所示。

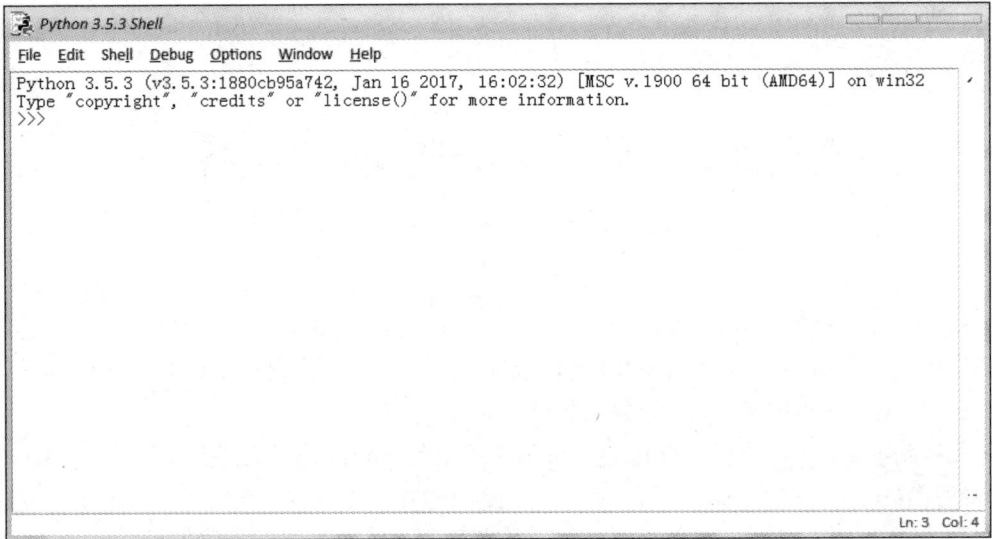

图 1-4　IDLE 窗口

在 IDLE 窗口中，用户可以新建、保存、打开和运行 Python 程序，也可以以语法高亮显示的方式标识出 Python 中的关键字，还可以使用 Python 支持的一些快捷键提高编程速度和开发效率。除 IDLE 之外，进行 Python 程序开发时使用较多的集成开发环境还有 PyCharm、Spyder 等。下面对 PyCharm 进行简单介绍。

### 2．PyCharm

PyCharm 是 JetBrains 公司开发的专业级 Python 集成开发环境，支持程序调试、语法高亮显示、项目管理、智能提示、单元测试等高级开发功能。

在 PyCharm 官网中，用户可以根据操作系统下载对应的 PyCharm 安装包。其中，PyCharm Professional 需要付费，它提供 Python 集成开发环境的所有功能，支持 Web 开发，也支持 Django、Flask、Pyramid、web2py 等框架，还支持远程开发、Python 分析器、数据库和 SQL 语句等；PyCharm Community 免费、开源，属于轻量级 Python 集成开发环境，适合初学者使用。与 Python 的安装过程一样，PyCharm 的安装过程也十分简单，用户按照安装向导的提示逐步操作即可。

## 1.3.3　Python 程序的运行方式

Python 程序主要有两种运行方式：交互方式和文件方式。交互方式是指 Python 解释器即时响应并运行用户的程序代码，如果有输出，则显示结果。文件方式即编程方式，用户将 Python 代码写在程序文件中，然后启动 Python 解释器批量运行文件中的代码。交互方式一般用于调试少量代码，文件方式更常见。大多数程序设计语言只支持文件方式，Python 支持的交互方式则为代码的易学、易理解提供了可能。

### 1．交互方式

在 Windows 操作系统的"开始"菜单中执行"Python 3.5(64-bit)"命令，启动 Python 交互式运行环境。在">>>"提示符后可以直接输入需要运行的代码，操作完成后执行"exit()"或者"quit()"可以退出 Python 交互式运行环境。在该运行环境下，每输入完一条语句并按 Enter 键，就会直接交互运行。如果执行的是 print() 相关语句，则会显示结果，如图 1-5 所示。

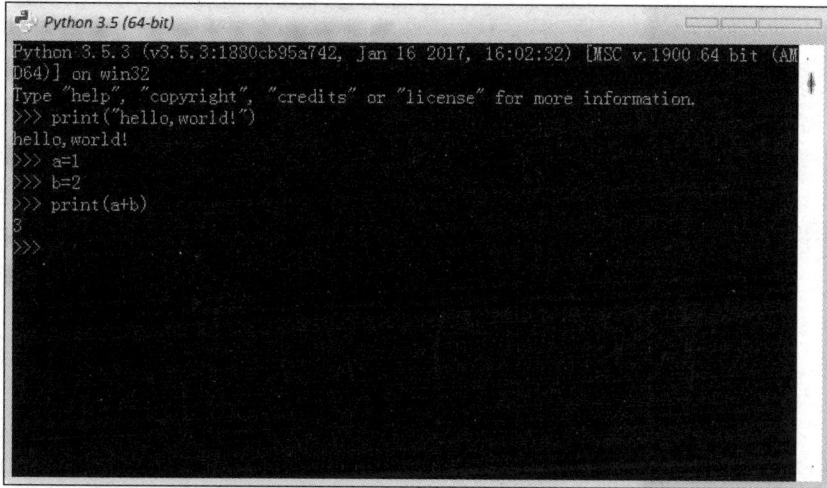

图 1-5　Python 命令行下的交互方式

在 IDLE 中也可以使用交互方式运行代码。启动 IDLE，输入代码，每输入一条语句并按 Enter 键后便直接交互运行，如图 1-6 所示。

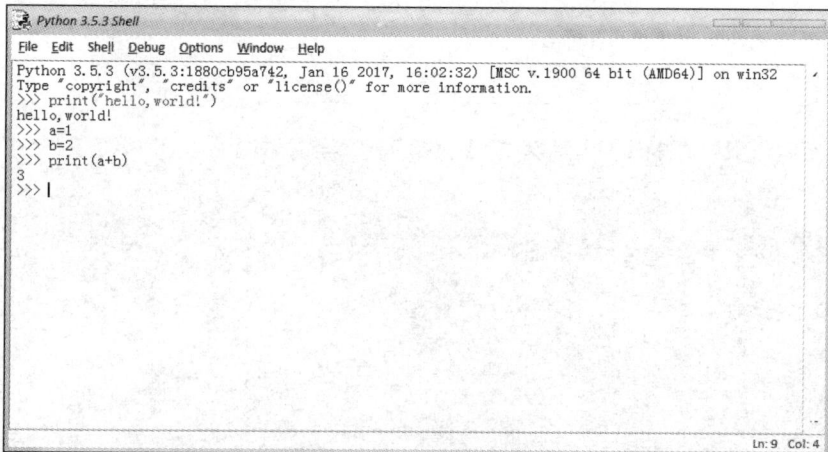

图 1-6　IDLE 下的交互方式

## 2．文件方式

启动 IDLE 后，依次执行菜单栏中的"File"→"New File"命令（或按组合键 Ctrl+N），打开程序编辑窗口，在其中输入代码，然后保存成扩展名为.py 的文件。接着依次执行菜单栏中的"Run"→"Run Module"命令（或按快捷键 F5），将在 IDLE 窗口中显示运行结果，如图 1-7 所示。在程序运行过程中若出错，系统会给出错误提示。用户修改程序后，可以继续运行程序，直至得到正确结果。

上述两种程序运行方式中，交互方式适合初学者在学习 Python 语句或函数功能时使用，因为每运行一行代码即可观察结果，既简单又直观，但缺点是程序无法保存。文件方式适合在需要编写多行代码时使用，其因方便用户编写大型程序而在实际开发中更为常用。除此之外，在某些操作系统（如 Windows）中，还可以通过在命令行中输入"python 文件名"的方式执行 Python 程序，如图 1-8 所示。

Python 概述　第 1 章

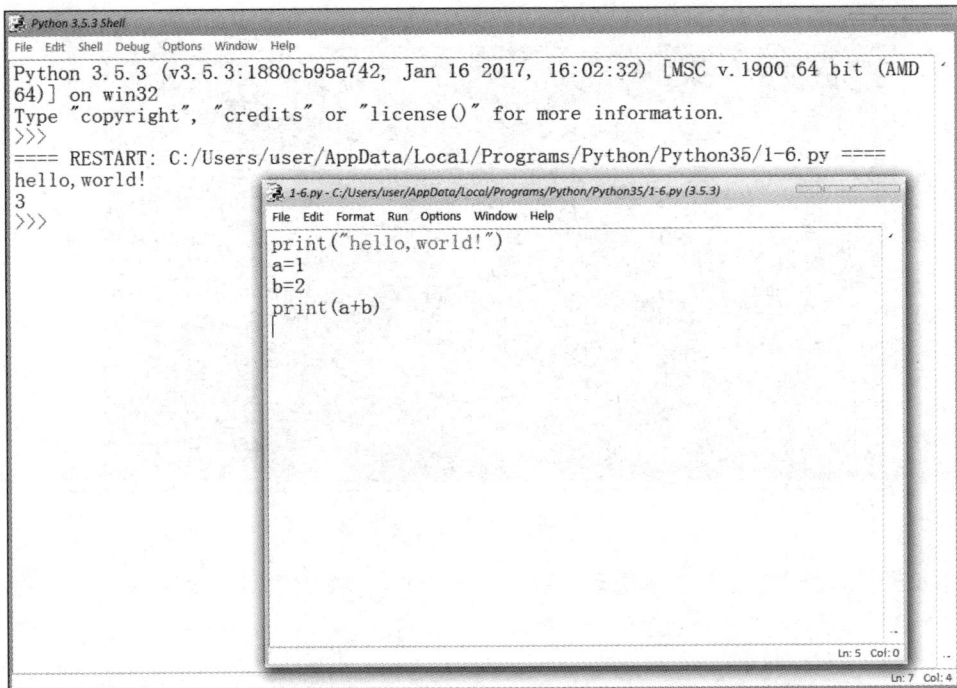

图 1-7　IDLE 下的文件方式

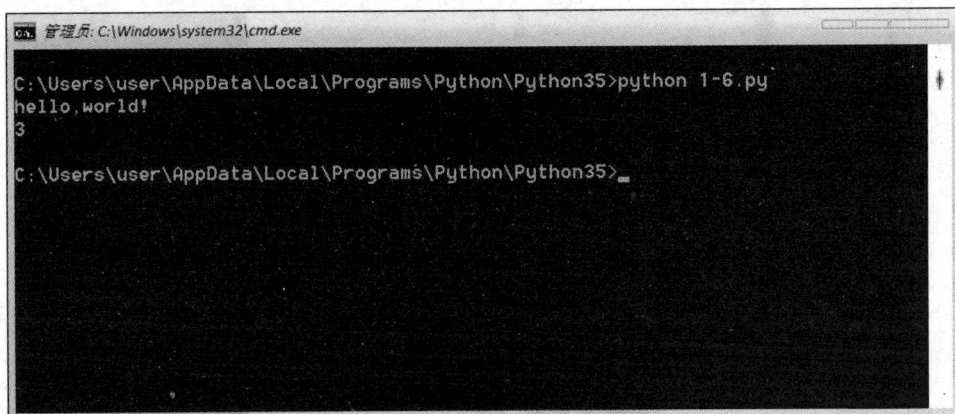

图 1-8　Windows 操作系统下的文件方式

## 1.4 Python 程序的语言要素

构成 Python 程序的基本单位是"单词"，这些"单词"通过语法规则构成语句或函数。Python 程序的语言要素主要是指基本语法元素、关键字与标识符，以及语法规范等。

### 1.4.1 基本语法元素

Python 程序的基本语法元素包括常量、变量、运算符、表达式、函数、语句、类与对象、模块与包等。

### 1．常量

常量的值一直保持不变。例如，1、3.14、"Hello"、False，这 4 个值分别是不同类型的常量。

### 2．变量

与常量不同的是，在程序运行过程中，变量的值是可以发生变化的。例如，赋值语句 a=4 中的 a 是整数类型变量，赋值语句 b="Hello"中的 b 是字符串类型变量。需要注意的是，在 Python 中，标识符是严格区分字母大小写的，所以 a 与 A 会被解释器理解为两个不同的变量名。

### 3．运算符

运算符是用来对数据进行操作的符号，参与操作的数据称为操作数。Python 提供了丰富的运算符，这些运算符可用来实现赋值运算、算术运算、关系运算和逻辑运算等运算。例如，"+""−""*""/"就是算术运算符，PI=3.14 中的"="是赋值运算符。

### 4．表达式

常量或变量通过运算符连接起来构成的式子称为表达式。一个 Python 表达式至少包含一种运算，与数学表达式在形式上很相似。例如，1+2、2*(x+y)、a<b<c 等都是表达式。

### 5．函数

函数是相对独立的单元，它可以实现一定的功能，在形式上与数学中的函数有相似之处。例如，print("Hello,world!")中的 print()就是一个函数，其功能是输出参数的内容。本例中的"Hello,world!"就是调用 print()函数时提供的参数，因此，调用 print()函数后，会在屏幕上输出 Hello, world!这行字符串。

### 6．语句

语句由常量、变量、函数调用、表达式等构成。例如，PI=3.14 是赋值语句，print("Hello,world!")是函数调用语句。另外，各种控制结构也属于语句，如 if 语句、for 语句、while 语句等。

### 7．类与对象

Python 是面向对象的程序设计语言。类是面向对象程序设计中的一个基本概念——对同一类事物的抽象，与之对应的具体事物就是对象。类是对同一类型对象的静态特征（属性）和动态行为（方法）的封装。例如，定义一个学生类 Student，包含姓名、性别、专业等属性，还包含选课、借阅图书等方法；hmm 是 Student 类的一个对象，此对象对应的属性值分别是"韩梅梅""女""计算机科学与技术"等。

### 8．模块与包

模块是实现特定功能的包含变量、语句、函数或类的程序文件。用户编写程序的过程，就是编写模块的过程。模块与文件的区别：模块是按照逻辑来组织 Python 语法要素的方法，文件则是在物理层上实现的模块。因此，一个文件被看作一个独立的模块，模块的文件名就是模块的名称加上扩展名.py。包的概念更大，包由一系列模块组成。从物理角度来看，包是有层次文件目录结构的，它定义了由模块和子包组成的 Python 程序运行环境。

## 1.4.2　关键字与标识符

关键字（又称保留字）是 Python 中已经被赋予特定意义的一些单词。标识符用于标识用户自定义的变量、函数、类、模块等语法元素。关键字不可以作为变量、函数、类、模块等元素的名称。

## 1．关键字

Python 中的关键字共有 33 个，用户可以通过调用如下代码查看 Python 中的关键字。

```
import keyword
print(keyword.kwlist)
```

运行结果如下。

```
['False', 'None', 'True', 'and', 'as', 'assert', 'break', 'class', 'continue', 'def', 'del',
'elif', 'else', 'except', 'finally', 'for', 'from', 'global', 'if', 'import', 'in', 'is',
'lambda', 'nonlocal', 'not', 'or', 'pass', 'raise', 'return', 'try', 'while', 'with',
'yield']
```

Python 中的所有关键字是严格区分字母大小写的。例如，if 是关键字，而 If 则不是。如果在编写程序时，使用关键字作为自定义的变量名或者函数名、模块名等，则系统会提示"invalid syntax"。

## 2．标识符

Python 中的标识符的命名规则如下。

- 由下画线、字母字符、数字字符或 Unicode 字符（如汉字字符）等字符组成。
- 英文字母大小写敏感。
- 必须以下画线或者字母字符开头。
- 不能是关键字。

因此，PI、Pi、_abc 都是合法标识符，而 2PI、Hello world、None、a#b 则违反了标识符的命名规则，不能用作标识符的名称。

### 1.4.3 语法规范

Python 与其他高级语言相比，在命名规则、缩进规则、注释规则、编程规则等方面有着自己独特的约定和特点。

## 1．命名规则

对于变量名，除了循环控制变量可以使用 i 或者 n 这样的简单字母外，其他变量最好使用有意义的名称，以提高程序的可读性。

虽然汉字可以用来命名变量，但考虑到系统的兼容性和可移植性，应该尽量避免使用汉字。以下画线开头的变量在 Python 中有特殊含义，自定义变量时也要尽量避免使用。

- 名称前后有下画线的变量通常为系统变量，如_name_、_doc_等。
- 名称以下画线开头的变量（如_abc）不能被 from…import *语句从模块中导入。
- 名称以双下画线开头、末尾无下画线的变量（如__abc）是类的私有变量。
- 名称以双下画线开头和结尾的变量是专用标识名，例如，__init__()表示构造函数。

通常使用全大写的英文来命名常量，如 PI、MAX_SIZE 等。命名变量时，英文单词之间可以用下画线进行连接或将单词首字母大写，名称应尽量简短。例如，命名平均分变量可以使用 avg_score 或 AvgScore，最好不要使用过于简短的 as。

## 2．缩进规则

Python 采用代码缩进和冒号"："来区分代码之间的层次，缩进一般可以通过按 4 次空格键或按一次 Tab 键进行控制。对于类定义语句、函数定义语句、流程控制语句及异常处理语句等，行尾的冒号和下一行的缩进代表一个代码块的开始，缩进结束表示代码块结束。例如，在下面的代码中，第 2～5 行为一个代码块，其中第 4 行为嵌套在内部的另一个代码块。

```
>>> def mul(a, *b):        #b 为可变参数
        print(type(b))     #b 的数据类型为元组
        for i in b:
            a *=i          #a 与 b 中数据累乘，结果存储于 a 中
        return a
```

Python 对代码的缩进要求非常严格，同一级别代码块的缩进量必须相同。如果不采用合理的缩进，系统将抛出"SyntaxError"异常。部分 Python 编辑器（如 IDLE、Spyder、PyCharm 等）能根据用户输入代码的层次关系自动缩进，这样可以极大地提高编程效率。

### 3．注释规则

注释是指在代码中对代码功能进行解释、说明的标注性文字，用于使他人了解代码实现的功能和辅助用户自己更好地阅读代码。注释会被 Python 解释器忽略，并不参与程序的运行，所以不影响程序的运行结果。Python 中主要有两种注释方式，分别是单行注释方式和多行注释方式。

（1）单行注释方式。

"#"为单行注释的符号，从"#"开始直至该行行尾的所有内容都为注释的内容。单行注释可以放在待注释代码的前一行，也可以放在待注释代码的右侧。例如，下面的两种注释都是正确的。

```
#Sum(a,b,c)函数的定义
def Sum(a,b,c):
    return a+b+c
a,b,c=eval(input("请输入 3 个数:"))
print("和为: ",Sum(a,b,c))              #调用该函数
```

（2）多行注释方式。

若需要注释的内容分散在连续的多行，采用单行注释方式会比较烦琐，这时可以采用多行注释方式。包含在三引号内的内容为多行注释。三引号可以是三单引号，也可以是三双引号。例如如下代码。

```
"""
函数功能：注册用户
开发者：韩梅梅
版权所有：计算机与信息学院
开发时间: 2021-4
版本号: 2.0
"""
def regi():
    name=input("请输入姓名: ")
    if name in d.keys():
        print("用户名已经存在，请重新注册! ")
    else:
        d[name]=input("请输入您的新密码: ")
        print("注册成功!")
```

### 4．编程规则

良好的编程风格会显著提升程序的可读性。Python 有着严格的编程规则，目前采用的是 PEP-8

（PEP 是指 Python Enhancement Proposal，即 Python 增强建议书）。这里的 PEP-8 就是代码的样式指南，体现在以下几个方面。

（1）长语句行：每行不要超过 80 个字符，如果一个文本字符串在一行放不下，则可以使用括号来实现隐式行连接。例如如下代码。

```
str=("不负韶华，只争朝夕。"
    "不忘初心，砥砺前行。")
print(str)
```

（2）括号：不要使用不必要的括号。例如，表达式 a+(b*c)中的括号就不必要。

（3）空行：函数或方法之间，可以空一行；类定义之间空两行；类内部方法之间、类定义与第一个方法之间空一行。

（4）空格：对于赋值运算符和关系（比较）运算符，运算符两边各添加一个空格可以使代码更加清晰。例如如下代码。

```
if a<0:
    a=-a
```

（5）模块导入：一条 import 语句只导入一个模块。

## 1.5 Python 编程入门

所有的计算机程序都是为了解决某个实际问题而设计的。无论实际问题规模如何，每个程序都有统一的运算模式，即"输入（Input）—处理（Process）—输出（Output）"模式，又叫 IPO模式。在 Python 中，数据的输入/输出问题可以通过调用基本输入/输出函数来解决；数据处理部分与实际问题密切相关，一般需要进行较为复杂的运算并进行流程控制才可以实现相应的功能。

### 1.5.1 IPO 模式

为了解 IPO 模式，下面来看一个示例：如果需要计算两个整数的和，则首先需要输入待相加的两个整数，然后进行加法运算得到它们的和，最后采用某种格式进行输出。

**1．输入**

输入（I）是一个程序的开始。程序要处理的数据的来源有多种，相应地形成了多种输入方式，如文件输入、网络输入、控制台输入、交互界面输入、内部参数输入等。

**2．处理**

处理（P）是程序对输入数据进行处理并产生结果的过程。问题的处理方法也就是算法。算法是程序最重要的组成部分，也是程序的"灵魂"。

**3．输出**

输出（O）是程序展示处理结果的方式。程序的输出方式包括控制台输出、图形输出、文件输出、网络输出、操作系统内部变量输出等。

### 1.5.2 输入、输出和转换函数

Python 提供了 3 个非常重要的函数 input()、print()、eval()，分别用来进行数据的输入、输出和转换。

### 1．input()函数

在 Python 中，使用 input()函数可以获取从键盘输入的数据。一般格式如下。

```
variable=input([提示字符串])
```

这条语句的功能是：如果有提示字符串，则先输出提示字符串，然后等待用户输入，用户按 Enter 键结束输入后，input()函数将返回用户输入的字符串，然后将其赋给 variable 变量。提示字符串可以省略，在等待用户输入的过程中，屏幕无任何提示。

需要注意的是，在 Python 3.x 中，无论键盘输入的是数字字符还是其他字符，都将被作为字符串进行处理。例如如下代码。

```
a=input()
b=input()
print(a+b)
```

如果运行程序时用户依次输入 1 和 2，则程序将会输出字符相连接的结果 12。如果需要将输入的字符串转换为其他类型（如整数类型、浮点类型等），则可以调用对应的转换函数。对上面的程序段进行如下修改后，再次运行程序，仍然依次输入 1 和 2，程序将会输出整数相加的结果 3。

```
a=int(input())
b=int(input())
print(a+b)
```

### 2．print()函数

在 Python 中，使用 print()函数可以将待输出数据输出到屏幕。一般格式如下。

```
print(<输出值1>[,<输出值2>,…,<输出值n>,sep='间隔字符', end='结束字符'])
```

这条语句的功能是：将多个输出值按照先后次序依次输出，这些输出值之间以间隔字符 sep 分隔，最后以结束字符 end 结束。其中，sep 和 end 都可以省略不写（省略时，sep 默认为空格，end 默认为换行）。输出内容可以是常量、变量、函数或表达式。默认情况下，print()函数运行后会自动换行。例如如下代码。

```
a=1
b='a'
print(a,b)
print(a,b,sep=',',end="#")
print(a,b)
print(a,b,sep=',',end="")
print(a,b)
```

运行结果如下。

```
1 a
1,a#1 a
1,a1 a
```

在 Python 中，还可以混合输出字符串与变量值。一般格式如下。

```
print(<输出字符串模板>.format(<变量1>, <变量2>,…, <变量n>))
```

例如如下代码。

```
a, b=123.456, 1024
print("数字{}和数字{}的乘积是{}".format(a, b, a*b))
```

运行结果如下。

```
数字123.456和数字1024的乘积是126418.944
```

### 3．eval()函数

在 Python 中，使用 eval()函数可以执行一个字符串表达式，并返回该表达式的值。一般格式如下。

```
variable=eval([输入字符串])
```

这条语句的功能是：将输入字符串的最外侧分界符引号去掉之后，按照 Python 语句方式运行，把运行的结果返回给变量 variable。例如如下代码。

```
a=1
a1=9999
b='a'
print(a,a1,b)
print(b,eval(b))
print(b+'1',eval(b+'1'))
```

运行结果如下。

```
1 9999 a
a 1
a1 9999
```

### 1.5.3　编写 Python 程序

程序是实现一定功能的指令集合，用于解决特定的问题。按照软件工程的思想，程序设计可以分为分析、设计、实现、测试、运行等阶段。一般来说，编程实践遇到实际问题的输入、输出数据种类繁多，算法各异，这些因素加大了程序设计的难度。因此，对于复杂的问题，程序设计需要一定的方法来指导，以便提高程序的可读性、可维护性，以及编程效率。目前有两种较为流行的程序设计方法：结构化程序设计方法和面向对象程序设计方法。

结构化程序设计方法是由迪杰斯特拉（Dijkstra）提出的面向过程的程序设计方法。实践证明，结构化程序设计方法确实能使程序执行效率提高，并且由于降低了程序出错的概率，因此极大地减少了维护的成本。结构化程序设计方法主要包含以下特征。

（1）自顶向下、逐步求精和模块化设计。

将大型任务从上向下划分成多个功能模块，每个模块又可以划分成若干个子模块，然后分别进行模块程序的编写。

（2）程序总是由顺序结构、选择结构和循环结构这 3 种基本结构组成，如图 1-9 所示。

结构化程序设计方法一般采用函数或过程来描述对数据的操作，但函数与其操作的数据是相互独立的。

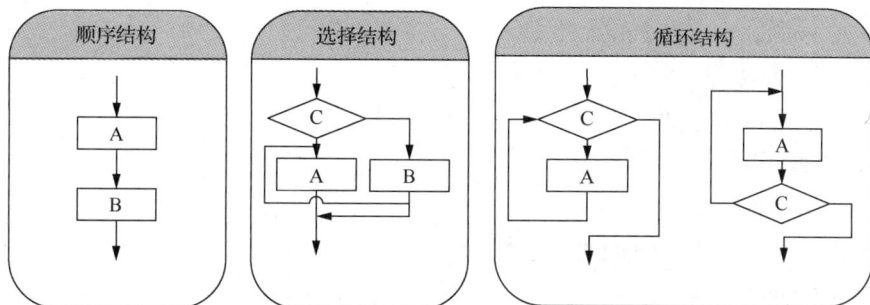

图 1-9　结构化程序设计的基本结构

（图中标注：顺序结构、选择结构、循环结构）

面向对象的程序设计是另一种重要的程序设计方法。该方法把数据和对数据施加的操作封装在一起，作为相互依存、不可分割的整体，即"对象"；把同类型对象抽象出其共性作为"类"，类通过外部接口进行通信，对象间通过消息进行通信。面向对象程序设计方法的 3 个主要特征是封装性、继承性和多态性。

前面已经介绍了程序的运行过程，也了解了 IPO 模式和 Python 提供的输入、输出与转换函数。下面就根据这些知识动手编写自己的第一个 Python 程序吧。

**例 1-3**　根据圆周率（取常量 3.14）和输入的半径值，计算并输出圆的面积和周长。

样例输入：1.8。

样例输出：半径为 1.8 的圆的面积是 10.1736、周长是 11.304。

【问题分析】

本例完全符合 IPO 模式。首先需要获取通过键盘输入的半径数据，并将其转换成对应的实数存储在变量中；然后进行圆的面积和周长的计算，将结果分别保存在另外两个变量中；最后按照要求的格式设计好输出的字符串。

【问题解答】

```
#计算圆的面积和周长
PI=3.14
r=float(input())
area=PI*r*r
perimeter=2*PI*r
print("半径为{}的圆的面积是{}、周长是{}。".format(r,area,perimeter))
```

# 本章小结

本章首先介绍了程序设计语言的概念，并详细介绍了算法在程序设计中的作用，以及程序设计的基本步骤；然后介绍了 Python 的发展历程、特点、应用领域、运行过程、开发环境和运行方式；接着介绍了 Python 的基本语法元素、关键字、标识符和语法规范；最后介绍了程序设计方法，并结合 IPO 模式，以实例的方式讲解如何使用 Python 编写程序。

# 扩展阅读

Python 的设计哲学：优雅、明确和简单。在 Python 的交互环境中输入 import this，便可看到以下 Python 设计哲学原文。

The Zen of Python, by Tim Peters

Beautiful is better than ugly.

Explicit is better than implicit.

Simple is better than complex.

Complex is better than complicated.

Flat is better than nested.

Sparse is better than dense.

Readability counts.

Special cases aren't special enough to break the rules.

Although practicality beats purity.

Errors should never pass silently.

Unless explicitly silenced.

In the face of ambiguity, refuse the temptation to guess.

There should be one– and preferably only one –obvious way to do it.

Although that way may not be obvious at first unless you're Dutch.

Now is better than never.

Although never is often better than *right* now.

If the implementation is hard to explain, it's a bad idea.

If the implementation is easy to explain, it may be a good idea.

Namespaces are one honking great idea – let's do more of those!

# 本章习题

## 一、选择题

1. Python 属于以下哪种语言？（       ）

    A. 机器语言　　　　　B. 汇编语言　　　　　C. 高级语言　　　　　D. 以上都不是

2. Python 的特点不包括（       ）。

    A. 简单易学　　　　　B. 源代码开放　　　　C. 属于低级语言　　D. 跨平台

3. 下列关于 Python 版本的说法中，正确的是（       ）。

    A. 目前存在 Python 3.x 兼容 Python 2.x 的程序

    B. Python 2.x 需要升级到 Python 3.x 才能使用

    C. 目前 Python 2.x 已经被淘汰

    D. Python 2.x 和 Python 3.x 不兼容

4. Python 脚本文件的扩展名是（       ）。

    A. .pyc　　　　　　　B. .py　　　　　　　　C. .pt　　　　　　　　D. .pyw

5. Python 内置的集成开发环境是（       ）。

    A. PyCharm　　　　　B. PyDev　　　　　　　C. IDLE　　　　　　　D. Spyder

6. 下列选项中，可作为 Python 标识符的是（　　）。

    A. getpath()　　　　B. for　　　　　　C. my#var　　　　D. My_price

7. 以下程序段的运行结果是（　　）。

```
x="car"
y=2
print(x+y)
```

    A. 2　　　　　　　　B. car2　　　　　　C. 运行出错　　　D. carcar

8. 以下不属于 IPO 模式的是（　　）。

    A. Input　　　　　　B. Program　　　　C. Process　　　　D. Output

## 二、编程题

1. 使用键盘输入三角形的边长和高，计算并输出三角形的面积。

2. 阅读以下程序，若通过键盘依次输入如下两行内容，请给出输出结果。

```
name=input()
s=input()
print("name={}".format(s*3))
```

    输入内容如下。

```
Number
3
```

# 第2章 数据类型

Python 与 C 语言不同，Python 中的变量不需要事先定义就可直接使用，并且变量的类型取决于赋予该变量的值的类型。Python 程序在内存中存在的对象都属于某种类型，Python 3.x 中的基本数据类型有 Number（数值）类型、String（字符串）类型、List（列表）类型、Tuple（元组）类型、Set（集合）类型、Dictionary（字典）类型。本章将主要介绍数值类型和字符串类型。

学习目标：

（1）了解 Python 的基本数据类型有哪些；

（2）理解数值类型的含义及数值类型数据的基本操作方法；

（3）理解字符串类型的含义及字符串类型数据的基本操作方法；

（4）学习应用字符串类型数据解决实际问题的方法。

## 2.1 数值类型

Python 3.x 支持 4 种数值类型，分别是 int（整数类型）、float（浮点类型）、bool（布尔类型）、complex（复数类型）。

与大多数程序设计语言一样，数值类型变量的赋值和计算都很直观。Python 内置的 type() 函数可以用来查询变量的数据类型。

**例 2-1** type() 函数使用示例如下。

```
>>> a=2
>>> b=2.5
>>> c=False
>>> d=2.5+3j
>>> print(a,type(a))
2 <class 'int'>
>>> print(b,type(b))
2.5 <class 'float'>
>>> print(c,type(c))
False <class 'bool'>
>>> print(d,type(d))
(2.5+3j) <class 'complex'>
```

### 2.1.1　4 种数值类型

#### 1．整数类型

整数类型（int）简称整型，用于表示整数，如 906、2021、2、16 等。由正/负号和数字组成的数被认为是十进制的常量，正号可以省略；如果开头是 0X 或 0x（数字 0 加大写字母 X 或小写字母 x），则被认为是十六进制的常量，如 0x22，对应的十进制数为 34；如果开头是 0O 或 0o（数字 0 加大写字母 O 或小写字母 o），则被认为是八进制的常量，如 0o22，对应的十进制数为 18；如果开头是 0B 或 0b（数字 0 加大写字母 B 或小写字母 b），则被认为是二进制的常量，如 0b1101，对应的十进制数为 13。书写数值数据时，前缀和后面的数字或字母必须匹配相应的数制。例如，十六进制允许使用 0～9 和 A～F，如果写成 0X1GH，则被认为有语法错误；再如，八进制允许使用 0～7，0O181 会被认为有语法错误，0o171 是正确的。

Python 的整数类型实际分两种：一种是标准整数类型，在 32 位的计算机上所能表示的数的范围是 $-2^{31}\sim+2^{31}-1$；另一种是长整数类型，与其他语言的长整数类型不同的是，Python 的长整数类型能表示数的范围与计算机的内存有关，可以说计算机的内存有多大，它就能表示多大的数。

示例如下。

```
>>> 3+4
7
>>> (0x3F2+1010)/0o1762
2.0
```

#### 2．浮点类型

浮点类型（float）用于表示实数，如 3.14、2.78128、9.08 等。由正/负号、一个小数点和若干数字组成的数被认为是十进制浮点类型数据，正号可以省略；这种数据也可以用科学记数法表示。Python 中的科学记数法表示如下。

```
(实数)E(整数)
```

其中，E 表示基数为 10，后面的整数表示指数。例如，1.2E3 表示 $1.2\times10^{3}$、1.2E-3 表示 $1.2\times10^{-3}$。E 大小写均可，指数的正号可以省略。

Python 的浮点类型遵循 IEEE 754 双精度标准，每个浮点数占 8 字节，能表示的数的范围约为 $-1.8^{308}\sim+1.8^{308}$。

#### 3．复数类型

复数类型（complex）用于表示复数，如 3+5j、8-7j、-1.2-6.8j 等。复数的实部和虚部都是浮点数，一个复数必须有虚部，也就是必须有表示虚部的实数和 j，如 1j、-1j、0j、0.0j 都是复数，而 0.0 不是。注意，表示虚部的实数即使是 1 也不能省略，例如直接写成 j 是不正确的。

#### 4．布尔类型

布尔类型（bool）即逻辑类型，用于表示逻辑判断的结果，如 True 和 False、真和假、对和错、成立和不成立等。表示布尔类型数据的两个常量是 True 和 False，它们的值实际是 1 和 0。在逻辑判断中，True 和非 0 都被认为是"真"，False 和 0 都被认为是"假"。

### 2.1.2 数值运算

**1．基本运算**

Python 支持多种基本运算，如表 2-1 所示。

表 2-1　Python 支持的基本运算

| 基本运算 | 描述 |
|---|---|
| X+Y | X 与 Y 的和 |
| X−Y | X 与 Y 的差 |
| X*Y | X 与 Y 的积 |
| X/Y | X 与 Y 的商，结果为浮点数 |
| X//Y | X 除以 Y 得到的整数 |
| X%Y | X 除以 Y 得到的余数 |
| −X | X 的负值 |
| +X | X 本身 |
| X**Y | X 的 Y 次幂 |

**例 2-2**　运算符使用示例如下。

```
>>> 1.23e4+5.67e4
69000.0
>>> 1.23e4-5.67e4
-44400.0
>>> 1.23e4*5.67e4
697410000.0
>>> 1.23e4/5.67e4
0.21693121693121692
>>> 1010/3
336.6666666666667
>>> 1010//3
336
>> 1010%3
2
>>> +1010
1010
>>> -1010
-1010
>>> 1010**3
1030301000
```

**2．复合运算**

当一个变量参与运算，又将结果赋予这个变量时，常使用复合赋值运算符。例如，X=X+A 可以写为 X+=A，X=X*A 可以写为 X*=A。Python 的复合运算符如表 2-2 所示。

表 2-2　Python 的复合运算符

| 复合运算符 | 含义 | 举例 | 等效语句 |
|---|---|---|---|
| += | 加 | x+=y+5 | x=x+(y+5) |
| −= | 减 | x−=y+5 | x=x−(y+5) |

| 复合运算符 | 含义 | 举例 | 等效语句 |
|---|---|---|---|
| *= | 乘 | x*=y+5 | x=x*(y+5) |
| /= | 除 | x/=y+5 | x=x/(y+5) |
| //= | 取整 | x//=y+5 | x=x//(y+5) |
| %= | 求余 | x%=y+5 | x=x%(y+5) |
| **= | 乘方 | x**=y+5 | x=x**(y+5) |
| <<= | 左移 | x<<=y | x=x<<y |
| >>= | 右移 | x>>=y | x=x>>y |
| &= | 按位与 | x&=y+5 | x=x&(y+5) |
| \|= | 按位或 | x\|=y+5 | x=x\|(y+5) |
| ^= | 按位异或 | x^=y+5 | x=x^(y+5) |

### 2.1.3 数值运算函数

函数不同于操作符，其表现为对参数的特定运算。Python 解释器提供了一些预装函数，称为内置函数。在这些内置函数中，有一些函数与数值运算有关，如表 2-3 所示。

表 2-3 Python 中的数值运算函数

| 函数 | 描述 |
|---|---|
| abs(x) | 取 x 的绝对值 |
| divmod(x,y) | (x//y,x%y)，输出结果为元组 |
| pow(x,y)或 pow(x,y,z) | x**y 或(x**y)%z，幂运算 |
| round(x)或 round(x,d) | 对 x 四舍五入，保留 d 位小数。无参数则返回 x 四舍五入后的整数值 |
| max(x1,x2,···,xn) | 求 x1,x2,···,xn 中的最大值。n 没有限定，可以是任何数 |
| min(x1,x2,···,xn) | 求 x1,x2,···,xn 中的最小值。n 没有限定，可以是任何数 |

abs(x)用于计算整数或浮点数 x 的绝对值，结果为非负数值。该函数也可以用来计算复数的绝对值。复数的实部和虚部为二维坐标系中的横纵坐标值，复数的绝对值是坐标点到原点的距离，例如，复数 $z=a+bj$，其绝对值 abs(z)为 $\sqrt{a^2+b^2}$。由于复数的实部和虚部都是浮点数，因此复数的绝对值也是浮点数。

**例 2-3** abs(x)使用示例如下。

```
>>> abs(-30)
30
>>> abs(-30+40j)
50.0
```

divmod(x,y)函数用来计算 x 和 y 的除余结果，返回两个值，分别是 x 与 y 的整数商（x//y），以及 x 与 y 的余数（x%y）。返回的两个值组成一个元组，即括号包含的两个元素。通过赋值方式可以将结果同时反馈给两个变量。

**例 2-4** divmod(x,y)使用示例如下。

```
>>> divmod(100,9)
(11,1)
>>> a,b=divmod(100,9)
>>> a
11
>>> b
1
```

pow(x,y)函数用来计算 x 的 y 次幂，与 x**y 相同。pow(x,y,z)则用来计算(x**y)%z，模运算与幂运算同时进行，速度更快。

**例 2-5** pow(x,y)使用示例如下。

```
>>> pow(10,2)
100
>>> pow(0x1010,0b1010)
1382073245479425468920150911010996224
>>> pow(55,1999999,10000)          #计算 55^1999999 的后 4 位
4375
>>> pow(55,1999999)%10000          #计算 55^1999999 的后 4 位，速度略慢，体会性能的不同
4375
```

round(x)函数用于对整数或浮点数 x 进行四舍五入运算；round(x,d)对浮点数 x 进行带有 d 位小数的四舍五入运算。需要注意的是，四舍五入只是一个约定说法，并非所有的 5 都会被进位。在 round(x)函数中，对于 x.5，当 x 为偶数时，x.5 并不进位，如 round(0.5)的值为 0；当 x 为奇数时，x.5 进位，如 round(1.5)的值为 2。这是由于 x.5 严格处于两个整数之间，从平等价值角度考虑，将所有 x.5 情况分为两类，采用奇进偶不进的方式运算。但对于 x.50001 这种非对称情况，则按照进位法则处理。

**例 2-6** round(x)使用示例如下。

```
>>> round(1.4)
1
>>> round(0.5)
0
>>> round(1.5)
2
>>> round(0.50001)
1
>>> round(3.1415926.3)
3.142
```

min()函数和 max()函数可用于对任意多个数值进行最小值和最大值计算，并输出结果。

**例 2-7** min()和 max()使用示例如下。

```
>>> min(1,2,3,4,5,0.1)
0.1
>>> max(1,2,3,4,5,0.1)
5
```

## 2.2 字符串类型

字符串是一个字符序列，它可以包含字母、数字、标点符号等文本形式的字符。字符的个数称为字符串的长度，长度为 0 的字符串称为空字符串。

### 2.2.1 字符串的创建

在 Python 中，字符串可以用英文单引号或英文双引号来创建。例如如下代码。

```
>>> Letterstr='E'                   #仅有一个字符的字符串，等价于 Letterstr="E"
>>> Str="3.1415"                    #数字字符串，等价于 Str='3.1415'
>>> Chstz='安徽省'                   #中文字符串，也可用双引号定义
```

如果字符串的中间有单引号，则创建字符串时要用双引号来包含整个字符串。例如如下代码。

```
>>> S1="Xi'an"                      #字符串的内容为 Xi'an
```

类似的情况有，如果字符串的中间有双引号，则创建字符串时要用单引号来包含整个字符串。例如如下代码。

```
>>> S1='Xi"an'                      #字符串的内容为 Xi"an
```

显然，用类似'Xi'an'和"Xi"an"的形式定义字符串是不合理的，因为无法判断中间的引号到底是字符串中的字符还是字符串两侧的引号。另外，字符串中的某些符号无法直接输入，如换行符。为了解决引号、换行符等无法直接输入的问题，Python 引入了转义字符的概念。表 2-4 给出了常用转义字符。

表 2-4　常用转义字符

| 转义字符 | 表示的字符 |
| :---: | :---: |
| \' | ' |
| \" | " |
| \\ | \ |
| \n | 换行符 |
| \t | 制表符 |
| \b | 退格符 |

以交互方式运行代码，使用某些转义字符的示例代码如下。

```
>>> S3='AnHui Normal University.\n\t computer and information college 2021.2.9'
>>> print.(S3)
AnHui Normal University.
    computer and information college 2021.2.9
```

另外，可以利用三引号表示多行字符串，使用该方法表示字符串时可以在三引号中自由地使用单引号和双引号。例如如下代码。

```
>>> str='''this is string
this is python string
this is string'''
```

```
>>> str                    #显示 str 内容
'this is string\nthis is python string\nthis is string'
```

这里要特别指出，字符串为不可变类型。这种不可变是指字符串中的每个元素（字符）不能在原来的内存位置被修改，字符串的长度也不能改变。

### 2.2.2 对字符串进行序列操作

字符串是一种序列，因此可以对字符串进行各种序列操作。

#### 1．取字符串中的某个字符或片段

字符串中字符的位置是固定的，我们可从前到后对每个字符的位置编号为 0、1、2……$n-1$，这种编号一般称为下标，$n$ 为字符串的长度。下标也可以从后往前编号为-1、-2……-$n$。通过"字符串名称[下标]"的形式可以取得某个字符，下标不能大于 $n-1$、不能小于-$n$。例如如下代码。

```
>>> s='abcdef'
>>> s[0]
'a'
>>> s[5]
'f'
>>> s[-1]                    #-1 为倒数第一个元素的下标
'f'
```

当然也可以截取字符串中的一段字符。下面以 s='abcdef'为例，列举截取子字符串（子串）的常见形式。

形式一如下。

```
s[i:]
```

说明：这里 s 为字符串名称，i 为开始下标。

作用：截取开始下标到尾部的子串。例如如下代码。

```
>>> s[2:]
'cdef'
```

形式二如下。

```
s[:j+1]
```

说明：这里 s 为字符串名称，j 为结束下标。

作用：截取从头部到结束下标 j 的子串。例如如下代码。

```
>>> s[:3]
'abc'
```

形式三如下。

```
s[i:j+1]
```

说明：这里 s 为字符串名称，i 为开始下标，j 为结束下标。

作用：截取从开始下标 i 到结束下标 j 的子串。例如如下代码。

```
>>> s[1:4]
'bcd'
```

形式四如下。

```
s[i:j+1:k]
```

说明：这里 s 为字符串名称，i 为开始下标，j 为结束下标，k 为步长。

作用：截取从开始下标 i 到结束下标 j 的子串，且相邻两个字符的下标间隔等于步长 k。例如如下代码。

```
>>> s[1:5:2]
'bd'
```

这里取了元素 s[1]、s[3]，而下标 5 等于结束下标的下一位置，因此不取。

### 2．两个字符串的连接

"+"可以连接两个字符串。例如如下代码。

```
>>> s1='abc'
>>> s2='123'
>>> s1+s2
```

字符串可以连加，例如，s1+s2+s3 是正确的写法。

### 3．字符串的重复生成

如果字符串由一段字符反复连接而成，则可以使用"*"生成该字符串。例如如下代码。

```
>>> s1='Hi!'*2
>>> s2='123'
>>> s1+s2
'Hi!Hi!123'
```

### 4．字符串的大小比较

用"<""<="">"">="">=""=="""!="可以比较字符串的大小，结果是逻辑值 True 或 False。比较的方法是对两个字符串从左至右逐个字符比较 ASCII 值的大小，当某个位置的字符不同时，哪个字符的 ASCII 值大，哪个字符串就大。字母的 ASCII 值比数字的 ASCII 值大，小写字母的 ASCII 值比大写字母的 ASCII 值大。字符串的大小比较与字符串长度无关。例如如下代码。

```
>>> s1="abc"
>>> s2='abxz'
>>> s1>s2
False
```

这里 s1 中的字母 c 比 s2 中的字母 x 小，所以 s1>s2 的结果为假。

### 5．判断某个字符串是否为当前字符串的子串

使用 in 或 not in 可以判断某个字符串是否为当前字符串的子串。例如如下代码。

```
>>> s='abc123'
>>> 'bc12' in s
True
>>> 'a23' not in s
True
>>> 'a' not in s
False
```

### 6．求字符串的长度、最大字符和最小字符

求字符串的长度使用 len()函数，求字符串中的最大字符使用 max()函数，求字符串中的最小

字符使用 min()函数。例如如下代码。

```
>>> s3='欢迎 Jack 来中国！'
>>> len(s3)
10
>>> s1='abc'
>>> max(s1)
'c'
>>> min(s1)
'a'
```

这里一个汉字算一个字符（包括中文符号），字符按各自的 ASCII 值比较大小。

**7．遍历字符串的每个字符**

对字符串可以进行迭代遍历，也就是说，可以用 for 循环依次访问每个字符。例如如下代码。

```
>>> s1='abc'
>>> for ch in s1:
        print(ch)
a
b
c
```

这里 ch 依次取 s1 的每个字符。

## 2.2.3　字符串特有的操作

除了可以对字符串进行序列的通用操作外，还可以对字符串进行一些特有的操作。

**1．数字与字符串的相互转换**

使用 str()函数可以将数字转换为字符串。

**例 2-8**　str()使用示例如下。

```
>>> N1=3
>>> N2=9
>>> N1+N2
12
>>> str(N1)+str(N2)
'39'
```

这里第一个输出结果为 12，说明 N1 和 N2 都是数字；后面用 str()函数将 N1 和 N2 转换为字符串后将它们连接起来，所以结果为'39'。

若字符串是数字形式的，则可以用 int()、float()函数将字符串转换成相应数字。例如如下代码。

```
>>> int('2')+3
5
>>> float('3.14')*2
6.28
```

**2．按特定格式生成字符串**

有时需要将实数、整数、字符串等类型的数据按某种特定格式生成一个字符串。例如，Jack 的数学成绩为 81.5，可能希望生成下面的字符串。

```
" Jack       math       81.5        "
  10 字符   |10 字符   | 10 字符   |
```

这时可以利用百分号"%"进行数据格式转换，基本格式如下。

```
'目标字符串格式'%(数据1,数据2,…,数据n)
```

其中，常见数据向字符串转换的格式如表 2-5 所示。

表 2-5　常见数据向字符串转换的格式

| 转换字符串格式 | 含义 |
|---|---|
| %[m]s | 将字符串写入长度为 m 的字符串 |
| %[m]d | 将整数写入长度为 m 的字符串 |
| %[m.n]f | 将实数写入长度为 m 的字符串（实数保留 n 位小数） |
| %[.n]e | 将实数按科学记数法格式写入字符串（实数保留 n 位小数） |
| %% | 将一个百分号写入字符串 |

表 2-5 中，m、n 均为整数，[]表示其中的内容可省略。下面通过样例说明如何利用转换格式生成字符串。

```
>>> n=62
>>> f=5.03
>>> s='string'
>>> 'n=%d,f=%f,s=%s'%(n,f,s)
'n=62,f=5.030000,s=string'
```

在单引号内，除了%d、%f、%s 外，其他字符原样出现在结果字符串中。%d、%f、%s 依次对应(n,f,s)中的 3 个变量，即将 n 的值按默认整数格式写入结果字符串，代替%d。同理，将 f 的值按默认浮点数格式写入结果字符串，代替%f；将 s 的值按默认字符串格式写入结果字符串，代替%s。

```
>>> ' %d %f %s' %(n,f,s)
' 62 5.030000 string'                    #将 n、f、s 写入结果字符串，中间有一个空格
>>> ' %10d %10f %10s' %(n,f,s)
'         62   5.030000     string'      #将 n、f、s 写入结果字符串，各占 10 个字符，居右
>>> ' %-10d %-10f %-10s' %(n,f,s)
' 62         5.030000   string     '     #将 n、f、s 左对齐写入结果字符串，各占 10 个字符
>>> ' %-10d %-7.2f %-10s' %(n,f,s)
' 62         5.03      string     '      #f 的值占 7 个字符，f 保留两位小数，居左
>>> x=0.00000000900200001
>>> '%e' %x
'9.002000e-09'                           #将 x 按科学记数法格式写入结果字符串
>>> '%.3e'%x
'9.002e-09'                              #将 x 按科学记数法格式写入结果字符串，保留 3 位小数
```

注意，目标字符串格式中的转换说明的个数要与后面的数据个数一致。

### 2.2.4　字符串本身的函数

字符串作为一种对象，拥有很多函数。这些函数的功能包括查找子串、替换子串、裁掉特定字符、判断字符串是不是数值类型、字符串的大小写转换、分割字符串为若干子串、字符串编码转换等。本小节对一些相对常用的函数进行介绍。

### 1．子串查找与替换函数

（1）str.find(sub)：在字符串 str 中从左向右查找子串 sub，若找到，则返回找到的第一个子串在 str 中的起始位置的下标；若没找到，则返回-1。

（2）str.rfind(sub)：在字符串 str 中从右向左查找子串 sub，若找到，则返回找到的第一个子串在 str 中起始位置的下标；若没有找到，则返回-1。

（3）str.replace(old,new)：该函数返回一个新字符串，在原始字符串中为 old 的所有子串会被子串 new 取代。

**例 2-9** 子串查找与替换函数使用示例如下。

```
>>> s=" Welcome to AnHui "
>>> s.find('AnHui')
12
>>> s.rfind('AnHui')
12
>>> s.replace('AnHui','Beijing')            #这里 s 本身没改变，只得到返回结果
' Welcome to Beijing '
>>> s.rfind('Beijing')
-1
```

这里虽然 find()函数和 rfind()函数的查找方向不同，但由于都是查找唯一的子串'AnHui'，因此返回的下标相同。注意，replace()函数用于产生并返回一个新字符串，但该函数并未直接改变原始字符串，因此 s.rfind('Beijing')返回-1，即 s 中不含有'Beijing'。若要改变 s 的内容，则可采用下面的语句。

```
>>> s=s.replace('AnHui','Beijing')
>>> s
'Welcome to Beijing'
```

### 2．查找子串位置的函数

使用 index()函数可以确定子串在字符串中的位置。例如如下代码。

```
>>> s='AnHui'
>>> s.index('H')
2
```

这里求出了 H 在'AnHui'中的位置。注意，如果 index()函数中的参数不是 s 的子串，则会产生异常（这是 index()和 find()函数的不同之处）。所以在使用此函数前，可以先用 in 判断子串是否存在。

### 3．统计子串出现次数的函数

使用 count()函数可统计某个子串出现的次数。例如如下代码。

```
>>> s='abc123abc'
>>> s.count('abc')
2
```

### 4．裁掉特定字符的函数

处理字符串时，常常要去掉其中的某些字符。Python 中有 3 个函数可以用于处理这方面的工作，它们分别是 lstrip()、rstrip()和 strip()。

（1）str.lstrip([chars])：从左向右去除 str 中包含于字符串 chars 的字符，直到遇到一个不属于 chars 中的字符为止。

（2）str.rstrip([chars])：从右向左去除 str 中包含于字符串 chars 的字符，直到遇到一个不属于 chars 中的字符为止。

（3）str.strip([chars])：从两侧向中间去除 str 中包含于字符串 chars 的字符，当某一侧遇到一个不属于 chars 中的字符时，这一侧停止操作。

下面举例说明这些函数的使用方法。

```
>>> 'www.ryjiaoyu.com'.lstrip('cwarae.')
'yjiaoyu.com'
>>> 'www.ryjiaoyu.com'.rstrip('comfae.')
'www.ryjiaoyu'
>>> 'www.ryjiaoyu.com'.strip('comwfae.')
'ryjiaoyu'
```

另外，这 3 个函数在没有参数时的作用是删除空白字符。例如如下代码。

```
>>> '  www.ryjiaoyu.com   '.strip()
'www.ryjiaoyu.com'
```

### 5．分割字符串为若干子串的函数

如果需要将字符串分割为若干子串，我们可尝试使用下列函数。

```
str.split(sep)
```

该函数以字符串 sep 为分隔符将字符串 str 分割为若干子串，将这些子串合并为列表返回，sep 应是 str 的子串。列表的概念将在后面的章节讲述，这里先看一下 split() 函数的作用示例。

```
>>> s='Jack@email.ryjiaoyu.com'
>>> s.split('@')                      #以"@"作为分隔符
['Jack', 'mail.ryjiaoyu.com']
>>> '1< >2< >3'.Split('< >')          #以"< >"作为分隔符
['1','2','3']
>>> "20110121 王强 80\n 90\t  78".split()
['20110121','王强','80','90','78']
```

若 split() 函数没有参数，它将以空格、换行符或制表符为分隔符。

### 6．字符串大小写转换函数

在 Python 中，下列函数与字符串的大小写转换有关。

str.lower()：将 str 中的所有字母转换为小写字母。

str.upper()：将 str 中的所有字母转换为大写字母。

str.swapcase()：将 str 中的所有字母大小写互换。

str.capitalize()：将 str 的首字母大写。

str.islower()：若 str 中的字母都为小写字母，则返回 True，否则返回 False。

str.isupper()：若 str 中的字母都为大写字母，则返回 True，否则返回 False。

例如如下代码。

```
>>> s1='abcXYZ'
>>> s1.lower()
'abcxyz'
>>> s1.upper()
```

```
'ABCXYZ'
>>> s1.swapcase()
'ABCxyz'
>>> s1.islower()
False
```

### 2.2.5　format()方法的基本使用

有时，字符输出需要使用字符串的格式化方法对输出进行格式控制。字符串的格式化方法用于解决字符串和变量同时输出时的格式安排问题。

Python 推荐使用 format()方法整合字符串，其语法格式如下。

```
<模板字符串>.format(<用逗号分隔的参数>)
```

其中，模板字符串是一个由字符串和槽组成的字符串，用于控制字符串和变量的显示效果。槽用大括号"{}"表示，对应 format()方法中用逗号分隔的参数。例如如下代码。

```
>>> "{}曰：学而时习之，不亦说乎。".format("孔子")
'孔子曰：学而时习之，不亦说乎。'
```

如果模板字符串中有多个槽，且槽内没有指定序号，则按照槽出现的顺序分别对应 format()方法中的不同参数。例如如下代码。

```
>>> "{}曰：学而时习之，不亦{}。".format("孔子","说乎")
'孔子曰：学而时习之，不亦说乎。'
```

format()方法中的参数根据出现的先后顺序存在一个默认序号。在上面的例子中，第一个大括号对应后面的字符串"孔子"，第二个大括号对应后面的"说乎"。

通过 format()方法中参数的序号可以在模板字符串的槽中指定参数的使用位置，参数从 0 开始编号。例如如下代码。

```
>>> "{1}曰：学而时习之，不亦{0}。".format("说乎","孔子")
'孔子曰：学而时习之，不亦说乎。'
```

如果模板字符串中槽的数量和 format()方法中参数的数量不一致，即程序不能通过简单的顺序对应确定参数的使用位置，则必须在槽中使用序号指定参数的使用位置，否则会产生错误。例如如下代码。

```
>>> "《论语》是{}弟子所著。{}曰：学而时习之，不亦说乎。".format("孔子")
Traceback (most recent call last):
  File "<pyshell#5>",line1,in <module>
    "《论语》是{}弟子所著。{}曰：学而时习之，不亦说乎。".format("孔子")
IndexError: tuple index out of range
```

如果希望在模板字符串中直接输出大括号，则可以使用"{{"表示"{"，使用"}}"表示"}"。例如如下代码。

```
>>> "{1}曰：{{学而时习之，不亦{0}}}。".format("说乎","孔子")
'孔子曰：{学而时习之，不亦说乎}。'
```

## 2.2.6　format()方法的格式控制

format()方法的槽除了可以包含参数序号外，还可以包含格式控制信息，语法格式如下。

{<参数序号>:<格式控制标记>}

其中，格式控制标记用来控制参数显示时的格式，其字段如表 2-6 所示。

表 2-6　格式控制标记的字段

| 字段 | 说明 |
| --- | --- |
| <填充> | 用于填充的单个字符 |
| <对齐> | "<" 表示左对齐；<br>">" 表示右对齐；<br>"^" 表示居中对齐 |
| <宽度> | 当前槽的设定输出字符宽度 |
| <,> | 数字的千位分隔符，适用于整数和浮点数 |
| <精度> | 浮点数小数部分的精度或字符串的最大输出长度 |
| <类型> | 整数类型包含 b、c, d、o、x、X；浮点类型包含 e、E、f、% |

格式控制标记包括<填充>、<对齐>、<宽度>、<,>、<精度>、<类型>6 个字段，由符号 ":"作为引导符号。这些字段都是可选的，可以组合使用。这 6 个字段可以分为以下两组。

第一组是<填充>、<对齐>和<宽度>，它们是相关字段，主要用于对显示格式进行规范。<填充>字段可以修改默认填充字符，填充字符只能有一个。<对齐>字段分别使用 "<" ">" "^" 这3 个符号表示左对齐、右对齐、居中对齐。<宽度>是指当前槽的设定输出字符宽度。如果该槽对应参数实际长度比宽度设定值大或相同，则使用参数实际长度；如果该槽对应参数实际长度比宽度设定值小，则按照指定对齐方式在宽度内对齐，默认以空格字符补充。例如如下代码。

```
>>> s="等级考试"
>>> "{:25}".format(s)          #左对齐，默认
'等级考试                     '
>>> "{:1}".format(s)           #指定宽度为 1，小于变量 s 的长度
'等级考试'
>>> "{:^25}".format(s)         #居中对齐
'          等级考试           '
>>> "{:>25}".format(s)         #右对齐
'                     等级考试'
>>> "{:*^25}".format(s)        #居中对齐且填充 "*"
'**********等级考试***********'
>>> "{:+^25}".format(s)        #居中对齐且填充 "+"
'++++++++++等级考试+++++++++++'
>>> "{:徽^25}".format(s)       #居中对齐且填充汉字 "徽"
'徽徽徽徽徽徽徽徽徽徽等级考试徽徽徽徽徽徽徽徽徽徽徽'
>>> "{:^1}".format(s)          #指定宽度为 1，变量 s 长度比指定宽度大，则以变量长度为准
'等级考试'
```

格式控制标记可以用变量表示，即用来指定所对应的格式控制标记及数量。例如如下代码。

```
>>> s="等级考试"
>>> y="-"
>>> "{0:{1}^25}".format(s,y)              #指定代表填充字符的变量 y
'----------等级考试----------'
>>> "{0:{1}^{2}}".format(s,y,25)          #指定代表填充字符和宽度的变量，这里分别为 y 和 25
'----------等级考试----------'
>>> z="^"
>>> "{0:{1}{3}{2}}".format(s,y,25,z) #指定代表填充字符、宽度的变量和对齐方式，这里分别为 y、z 和 25
'----------等级考试----------'
```

第二组是<,>、<精度>和<类型>，它们主要用于对数值本身进行规范。其中，逗号"，"用作数值的千位分隔符。例如如下代码。

```
>>> "{:-^25,}".format(1234567890)
'------1,234,567,890------'
```

<精度>以小数点"."开头。对于浮点数，精度表示输出的小数部分有效位数。对于字符串，精度表示输出的字符串的最大长度。此时，小数点可以理解为对数值的有效截断；如果小数点保留长度大于应输出长度，则以应输出长度为准。例如如下代码。

```
>>> "{:.2f}".format(12345.67890)          #保留两位小数
'12345.68'
>>> "{:>25.3f}".format(12345.67890)       #右对齐，宽度为 25 个字符，保留 3 位小数
'                12345.679'
>>> "{:.5}".format("全国计算机等级考试")
'全国计算机'
>>> "{:.15}".format("全国计算机等级考试")
'全国计算机等级考试'
```

<类型>表示输出整数类型数据和浮点类型数据的格式规则。

对于整数类型数据，输出格式包括如下 6 种。

- b：表示以二进制形式输出整数。
- c：表示输出整数对应的 Unicode 字符。
- d：表示以十进制形式输出整数。
- o：表示以八进制形式输出整数。
- x：表示以小写十六进制形式输出整数。
- X：表示以大写十六进制形式输出整数。

例如如下代码。

```
>>> "{:b}".format(234)
'11101010'
>>> "{:X}".format(234)
'EA'
>>> "{:c}".format(425)
'Σ'
```

对于浮点类型数据，输出格式包括如下 4 种。

- e：表示以小写字母 e 的指数形式输出浮点数。
- E：表示以大写字母 E 的指数形式输出浮点数。
- f：表示以标准浮点形式输出浮点数。
- %：表示以百分比形式输出浮点数。

输出浮点数时尽量使用<精度>表示小数部分的输出长度，这样有助于更好地控制输出格式。例如如下代码。

```
>>> "{:e}, {:E}, {:f}, {:%}".format(3.14,3.14,3.14,3.14)
'3.140000e+00, 3.140000E+00, 3.140000,314.000000%'
>>> "{:.2e}, {:.2E}, {:.2f}, {:.2%}".format(3.14,3.14,3.14,3.14)   #对比输出内容
'3.14e+00, 3.14E+00, 3.14, 314.00%'
```

## 2.3 实例解析 1：中英文分离

已知一个字符串包含多组英文字符和中文字符，它们交错出现。请将中文字符与英文字符分开，并分别将中文字符连接后输出、将英文字符连接后输出，要求词之间以空格分隔。

【问题分析】

先对问题进行分析，原字符串内，中英文交错出现，且没有说明由空格分隔，故不适合用 split() 函数分离中英文。英文字符在计算机中以 ASCII 存放，ASCII 值的范围为[0,127]，而中文字符的编码不在这个区间，可以依此区分中英文，方法为对原字符串中的每一个字符检查其 ASCII 值，在区间 [0,127]内的即为英文。由于"检查"这项操作要做多次，因此可以将其编写成一个函数。

如果中文字符连续出现，则将新的中文字符连接在前面中文字符串的后面；如果遇到英文字符，则说明中文字符结束，应加一个空格。对英文字符来说，处理方法相同。如何判断中文字符或英文字符是否"连续"出现呢？答案是可以用一个变量，如 deal，其取值为 1 表示正处理英文字符、取值为 0 表示正处理中文字符。如果当前 deal=0，新字符为中文，则是中文字符连续出现；如果 deal=0，新字符为英文，则是前面的中文字符结束，转为处理英文字符。

【问题解答】

```
def is_chinese(uchar):              #判断是否为中文字符
    ch2=ord(uchar)                  #将 uchar 转换成 Unicode
    if ch2>=0 and ch2<=127:
        return False                #是英文字符，返回 False
    else:
        return True                 #是中文字符，返回 True
#主程序
s="china 中国 anhui 安徽省 wuhu 芜湖市"
s1=""
s2=""
deal=1                              #1 表示正在处理英文字符，0 表示正在处理中文字符
for uchar in s:                     #对字符串中的每一个字符进行描述，并进行循环判断
    if is_chinese(uchar):
        if deal==1:
            s2=s2+" "
            deal=0
```

```
            s1=s1+uchar
        else:
            if deal==0:
            s1=s1+" "
            deal=1
            s2=s2+uchar
print(s1)
print(s2)
```

运行结果如下。

```
中国 安徽省 芜湖市
china anhui wuhu
```

程序分析如下。

这里的 is_chinese()函数用于判断某个字符是否为中文字符。该函数中的 ord()函数用于计算字符的编码,如果带入参数是英文字符或标点,则 ord()函数的值一定在 0~127 内;如果遇到中文字符,则 ord()函数的值不在 0~127 内。利用这一点可以判断一个字符是否为中文字符。

在主程序中利用变量 deal 表示程序正在处理英文字符或中文字符。当处理的字符类型从英文变成中文时,将 deal 的值设置为 1,并且在英文字符串后加空格,以便将词分开。同样地,当处理的字符类型从中文变成英文时,将 deal 的值设置为 0,并且在中文字符串后加空格。deal 的初始值为 1,表示所处理的字符串是以英文开始的。

## 2.4 实例解析 2:最长公共子串求解

输入两个字符串,求两个字符串的最长公共子串。

【问题分析】

要求最长公共子串,应先分别列出两个字符串的所有子串,然后看哪些子串是公有的,再记录下最长的子串。要求一个字符串的所有子串可以先找从第 0 个字符开始的所有子串,再找从第 1 个字符开始的所有子串,依此类推。对每一个子串可以使用 x in s 判断 x 是否为 s 的子串,如果是,就检查其长度;如果比当前的公共子串长,就把它保存下来。

【问题解答】

```
s1=input("字符串 1: ")
s2=input("字符串 2: ")
r=""                                #r 存放最长公共子串
m=0                                 #m 为最长公共子串的长度
for i in range(0,len(s2)):          #控制子串的起始位置,第 1 个起始位置为 0
    for j in range(i+1,len(s2)+1):  #控制子串的结束位置
        if s2[i:j] in s1 and m<j-i: #判断 s2 中[i:j]的子串是否在 s1 中,且较长
            r=s2[i:j]               #是,保存子串及其长度
            m=j-i                   #设 m 为新子串的长度
print("最长公共子串: ",r)
```

运行结果如下。

```
字符串 1: The secretary told me that Mr Harms would see me
```

　　本程序可以适当改进一下。这里输入的字符串 s2 比 s1 短，所以取 s2 的所有子串比取 s1 所有子串更节省时间。但是输入的 s2 可能比 s1 要长，所以输入数据后，先比较两个字符串的长度并保证 s2 长度较短（必要时交换 s2 和 s1）是较好的编程思路。

# 本章小结

　　本章首先具体讲解了常用的数值类型及操作，Python 数值运算涉及的运算符和数值运算函数；然后讲解了字符串类型，包括字符串的创建、对字符串进行序列操作、字符串特有的操作、字符串本身的函数、format()方法的基本使用和格式控制等；最后介绍了类型判断的基本方法，并通过使用字符串函数的实例帮助读者加深对数值类型和字符串类型操作的理解。

# 扩展阅读

　　在编程领域，英语一直占有重要地位，这给部分非英语母语国家的编程学习者带来一些困扰，以至于有些人还没开始学就担心自己的英语水平。我国许多程序员一直渴望使用中文程序设计语言来编程，其实在 Python 3.x 中已经能使用中文作为变量名称。例如如下代码。

```
>>> 名字='张三'
>>> 年龄=18
>>> print(名字,年龄)
张三 18
```

　　默认情况下，Python 源代码文件以 UTF-8 编码格式处理。使用这种编码方式时，世界上大多数语言的字符都可以同时用于字符串、变量或函数名称及注释中。尽管如此，我们还是渴望出现纯粹的中文程序设计语言，因为对我们来说，中文是我们的母语。目前已经有可用的中文程序设计语言出现，如易语言。易语言原名叫 e 语言，它是我国开发的第一款程序设计语言，以"易"为名，使用简体中文进行编程操作，创始人是吴涛。创造易语言的初衷是用中文来编写程序。从 2000 年至今，易语言已经发展到一定的规模，功能上、用户数量上都十分可观。易语言的特点如下：可以全中文编程、图像化编程，易学；由中国人提供服务；功能强大；可以与其他编程体系兼容；有强大的数据库功能支持；有完善的网络、端口通信和互联网功能支持。中文程序设计语言如果想长远发展，需要考虑国际化问题，如发展自己的优势、能够给企业带来利润，这样中文程序设计语言将会被越来越多的人接受。

　　总之，中文程序设计语言还处于探索发展阶段，我们需要给予它更多的包容和发展的空间。

# 本章习题

## 一、选择题

1. 以下为八进制数的是（　　　）。

　　A. 0b072　　　　　　B. 0a1010　　　　　　C. 0o711　　　　　　D. 0x456

2. 以下字符串合法的是（　　　　）。

    A. " abe ' def ' ghi "　　　　　　　　　　　B. " I love " love " Python "

    C. " I love Python ' '　　　　　　　　　　　D. ' I love ' Python"

3. Python 程序采用 Unicode，英文字符和中文字符在 Python 中对应字符的个数分别是（　　　　）。

    A. 1 和 1　　　　　　B. 1 和 2　　　　　　C. 2 和 1　　　　　　D. 2 和 2

4. 以下不是 Python 数据类型的是（　　　　）。

    A. char　　　　　　B. int　　　　　　C. float　　　　　　D. list

5. Python 支持复数类型，以下说法错误的是（　　　　）。

    A. 实部和虚部都是浮点数　　　　　　　　　B. 一个复数必须有虚数

    C. 1+j 不是复数　　　　　　　　　　　　　　D. 虚部后缀 j 必须是小写形式

6. print('\nPython')语句的运行结果是（　　　　）。

    A. 在新的一行输出 Python　　　　　　　　　B. 直接输出'\nPython'

    C. 直接输出\nPython　　　　　　　　　　　　D. 先输出 n，然后在新的一行输出 Python

7. 字符串 s='abede'，n 是字符串 s 的长度。求索引字符串 s 中的字符 e，下面哪条语句是正确的？（　　　　）

    A. s[n/2]　　　　　　B. s[(n+1)/2]　　　　　　C. s[n//2]　　　　　　D. s[(n+1)//2]

8. 以下不是 Python 内置函数的是（　　　　）。

    A. int()　　　　　　B. float()　　　　　　C. len()　　　　　　D. string()

9. 以下能根据逗号"，"分隔字符的是（　　　　）。

    A. s.split()　　　　　　B. s.strip()　　　　　　C. s.center()　　　　　　D. s.replace()

10. 以下能够作用于所有数值类型和字符串类型的函数是（　　　　）。

    A. len()　　　　　　B. complex()　　　　　　C. type()　　　　　　D. bin()

## 二、编程题

1. 使用键盘输入一个 3 位以上的整数，输出该整数百位及以上的数字。

2. 使用键盘输入一个英文句子，将英文句子按照空格分割，然后逐行输出。

3. 输入一个表示星期几的数字（1～7），输出对应的星期几的字符串名称。例如，输入 3，输出"星期三"。

4. 设 $n$ 是一任意自然数，如果 $n$ 的各位数字反向排列所得的自然数与 $n$ 相等，则 $n$ 为回文数。使用键盘输入一个 5 位自然数，请编写程序判断这个自然数是不是回文数。

5. 输入一个十进制整数，分别输出其二进制、八进制、十六进制形式。

# 第3章 程序控制结构

编程是为了解决某个问题，要解决问题就要按照某种顺序执行一组操作。编写代码时通过综合使用顺序结构、分支结构与循环结构这 3 种基本程序控制结构可以完成这一操作。本章将介绍这 3 种基本程序控制结构，此外还将介绍异常处理的方法。

学习目标：

（1）掌握分支结构编程方法；

（2）掌握循环结构编程方法；

（3）掌握 break 和 continue 在循环控制中的使用方法；

（4）了解程序的异常处理 try…except。

## 3.1 程序控制结构概述

程序控制结构通过以某种顺序执行一系列操作来解决某个问题。任何一种算法都可通过顺序结构、分支结构、循环结构这 3 种程序控制结构实现，每种程序控制结构只有一个入口和出口。由顺序结构、分支结构与循环结构组成的程序称为结构化程序。

### 3.1.1 程序流程图

程序流程图又称为程序框图，它用图形方式描述程序的控制结构，多用于程序关键部分的分析和描述。程序流程图中的 6 种基本元素如表 3-1 所示。

表 3-1　程序流程图中的 6 种基本元素

| 名称 | 图形 | 说明 |
|------|------|------|
| 起止框 | (椭圆形) | 表示程序逻辑的开始或结束 |
| 判断框 | (菱形) | 表示判断条件，依据判断结果选择不同的执行路径 |
| 处理框 | (矩形) | 表示一组处理过程 |
| 输入/输出框 | (平行四边形) | 表示数据的输入或输出 |
| 流程线 | (箭头) | 表示程序的控制流程 |
| 连接点 | (圆形) | 表示连接方式 |

程序的描述方法除了程序流程图外，还有其他方法，如伪代码等，但用程序流程图来描述程序比较直观。下面将采用程序流程图介绍 3 种基本程序控制结构及扩展。

### 3.1.2  3 种基本程序控制结构及扩展

下面依次介绍顺序结构、分支结构与循环结构这 3 种基本程序控制结构。

**1．顺序结构**

顺序结构使程序中的操作按照先后顺序依次执行，其程序流程图表示如图 3-1 所示，即先执行语句块 1，再执行语句块 2。

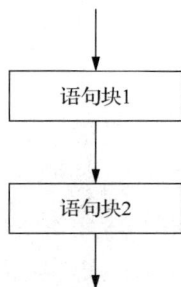

**2．分支结构**

分支结构也称为选择结构，它使程序依据条件的判断结果选择不同路径运行。双分支结构是分支结构中的一种，它的程序流程图表示如图 3-2 所示，即先判断条件，如果判断结果为真，则执行语句块 1，否则执行语句块 2。分支结构除了双分支结构外，还包括单分支结构和多分支结构。

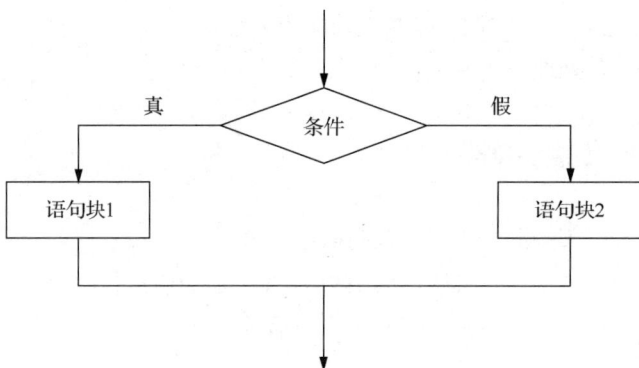

图 3-1　顺序结构的程序流程图表示

图 3-2　双分支结构的程序流程图表示

**3．循环结构**

循环结构使程序依据条件的判断结果反复执行某操作，其程序流程图表示如图 3-3 所示。其特点是判断条件的结果为真时会重复执行语句块。

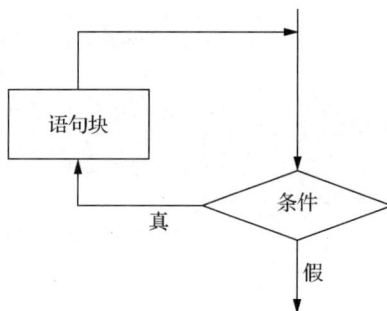

图 3-3　循环结构的程序流程图表示

下面对程序控制结构进行扩展。

**1．分支结构的扩展**

异常处理 try…except 是由分支结构扩展而来的。它的判断条件为程序中是否有异常发生，如果有则进行处理。

**2．循环结构的扩展**

在循环结构的基础上，可以使用 break 和 continue 这两个关键字控制循环的执行过程。关键字 break 用于退出循环，关键字 continue 用于结束本次循环。

## 3.2 顺序结构

顺序结构是程序设计中最常见的一种程序控制结构。按照问题求解的顺序给出相应的语句，程序在执行时就会自上而下依次执行这些语句。

**例 3-1** 输入一个 3 位数，交换其个位与十位的值，输出新的 3 位数。

【问题分析】

先将输入的 3 位数以字符串形式保存到变量 x 中，再对 x 进行切片操作，获得个位、十位和百位的值 g、s、b，交换 g、s 的值，最后重新组合并输出新的数 y。

【问题解答】

```
x=input('请输入一个 3 位数：')       #变量 x 用于存放输入的 3 位数
b,s,g=x[0],x[1],x[2]               #分离 x 的百位、十位与个位
s,g=g,s                            #交换十位与个位的值
y=b+s+g                            #得到新的 3 位数 y
print(y)                           #输出 y
```

运行结果如下。

```
请输入一个 3 位数：456
465
```

在例 3-1 中，第 2 行与第 3 行语句（"b,s,g=x[0],x[1],x[2]" 与 "s,g=g,s"）是同步赋值语句，功能是同时给多个变量赋值。该例是典型的顺序结构编程，程序在执行时按顺序依次执行操作语句。如果能够在输入时判断用户输入的是否为 3 位整数，则程序的健壮性更好。

## 3.3 分支结构

分支结构包括单分支结构、双分支结构和多分支结构，编程时应根据需要选用合适的分支结构。

### 3.3.1 判断条件及其组合

分支结构依据判断条件的结果执行不同的分支，其中，判断条件是计算结果为 True 或 False 的表达式。这些表达式中常用的运算符包括关系运算符与逻辑运算符。关系运算符及其含义如表 3-2 所示。

表 3-2　关系运算符及其含义

| 关系运算符 | 含义 |
| --- | --- |
| < | 小于 |
| <= | 小于或等于 |
| > | 大于 |
| >= | 大于或等于 |
| == | 等于 |
| != | 不等于 |

关系运算符是双目运算符，其表达式的语法格式为 d1 op d2。其中，d1 和 d2 为操作数，op 为关系运算符。操作数的类型可以是数值类型、字符串类型、布尔类型，关系运算的结果是布尔类型数据（True 或 False）。

> **注意**　对两个字符串进行关系运算（即比较运算）是指对这两个字符串对应的字符进行关系运算，一旦得到比较结果则运算结束；在 Python 中，任何非 0 的数字、非空的字符串均等价于 True，数字 0、空字符串等价于 False。

**例 3-2**　关系运算示例如下。

```
>>> 4>5
False
>>> 3==6/2
True
>>> 60<=65<=75
True
>>> "abc"<"bc"
True
>>> "abc">"Abc"
True
>>> ""==True
False
>>> 0!=True
True
```

程序中的一些复杂的判断条件由多个条件表达式组合而成。例如，"x 为 1～100 的偶数"，用 Python 代码表示就要求数 x 必须同时满足 1<=x<=100 与 x%2==0 两个关系表达式，这就是条件组合。使用逻辑运算符（not、and 和 or）可以表示条件组合，这种表达式称为逻辑表达式。逻辑表达式的操作数都是布尔类型时，运算结果也是布尔类型。逻辑运算符及其含义如表 3-3 所示。

表 3-3　逻辑运算符及其含义

| 逻辑运算符 | 逻辑表达式 | 含义 |
| --- | --- | --- |
| not | not x | "非"运算符为单目运算符。若 x 为 True，则运算结果为 False；若 x 为 False，则运算结果为 True |
| and | x and y | "与"运算符为双目运算符。若 x 和 y 同时为 True，则运算结果为 True，否则运算结果为 False |
| or | x or y | "或"运算符为双目运算符。若 x 和 y 同时为 False，则运算结果为 False，否则运算结果为 True |

**例 3-3** 逻辑运算示例如下。

```
>>> m,n=10,90
>>> 10<m<100
False
>>> not 10<m<100
True
>>> m<10 and n<100
False
>>> m<10 or n<100
True
```

### 3.3.2　单分支结构

单分支结构使用关键字 if,其语法格式如下。

```
if 条件:
    语句块
```

单分支结构中的":"和"语句块"前的缩进是必不可少的,其中缩进表示语句的逻辑结构。"if"是分支结构的关键字,表示对"条件"进行判断;"条件"是一个结果为 True或 False 的表达式;"语句块"是判断结果为真时所要执行的一条或多条语句。单分支结构的程序流程图表示如图 3-4 所示。程序在执行单分支语句时,先判断条件,如果为 True 则执行语句块,否则不执行语句块。

**例 3-4** 某考试规定成绩超过 70 分为合格,否则为不合格。要求输入某学生的成绩,输出该成绩是否合格。

【问题分析】

将输入的成绩保存到变量 score 中,判断 score 的值是否大于 70,输出"合格"或"不合格"。此处需要注意的是,如果用单分支结构中的语句块直接输出结果,则会出现错误。因此,在单分支结构前定义变量 result,其初始值为"合格",单分支结构就是在 score<=70 为真时将 result 的值修改为"不合格"。

图 3-4　单分支结构的程序流程图表示

【问题解答】

```
score=eval(input('请输入成绩: '))
result='合格'
if score<=70:
    result='不合格'
print('考试结果: {}'.format(result))
```

第 1 次运行结果如下。

```
请输入成绩: 75
考试结果: 合格
```

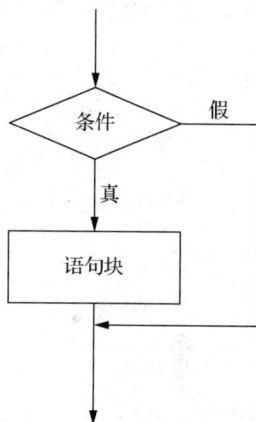

第 2 次运行结果如下。

```
请输入成绩：70
考试结果：不合格
```

例 3-4 中的条件是一个关系表达式。编程解决其他问题时，条件可能会很复杂，如果有多个条件，则宜使用逻辑运算符进行连接。

**例 3-5** 判断一个 3 位数的正序数或逆序数是否为 7 的倍数。

【问题分析】

输入一个数，将该数以字符串类型保存到变量 x 中，如果 x 的长度为 3，则使用字符串逆序的方法得到 x 的逆序数 y，将 x 和 y 转换为数值类型数据，判断 x 或 y 是否能被 7 整除，输出判断结果。

【问题解答】

```python
x=input('请输入一个 3 位数：')
if len(x)==3:
    y=x[::-1]
    x=eval(x)
    y=eval(y)
    r='不'
    if x%7==0 or y%7==0:
        r=''
print('{}或{}{}是 7 的倍数'.format(x,y,r))
```

第 1 次运行结果如下。

```
请输入一个 3 位数：1234
```

第 2 次运行结果如下。

```
请输入一个 3 位数：147
147 或 741 是 7 的倍数
```

第 3 次运行结果如下。

```
请输入一个 3 位数：235
235 或 532 是 7 的倍数
```

第 4 次运行结果如下。

```
请输入一个 3 位数：123
123 或 321 不是 7 的倍数
```

在例 3-5 中，单分支结构的条件 len(x)==3 为真时执行的语句块中含有 if 语句，这称为 if 嵌套。

### 3.3.3 双分支结构

双分支结构使用关键字 if、else，其语法格式如下。

```
if 条件：
    语句块 1
else:
    语句块 2
```

双分支结构中的":"和"语句块 1""语句块 2"前的缩进是必不可少的, 其中缩进表示语句的逻辑结构。"条件""语句块 1""语句块 2"的含义与单分支结构中的含义相同。双分支结构的程序流程图表示如图 3-2 所示。执行时, 先计算"条件"表达式, 然后依据计算结果执行不同的分支, 如果"条件"表达式的结果为 True 则执行语句块 1, 否则执行语句块 2。

**例 3-6** 输入 3 条边的边长, 请判断这 3 条边能否构成一个三角形。

【问题分析】

输入 3 条边的边长并保存到变量 a1、a2 和 a3 中, 依据"三角形任意两边之和大于第三边"进行判断, 当这 3 个表达式 a1+a2>a3、a1+a3>a2 与 a2+a3>a1 同时为真时, 这 3 条边就可以构成一个三角形。

【问题解答】

```
a1,a2,a3=eval(input('请输入 3 条边的边长: '))
if a1+a2>a3 and a1+a3>a2 and a2+a3>a1:
    print('这 3 条边可以构成一个三角形')
else:
    print('这 3 条边无法构成一个三角形')
```

第 1 次运行结果如下。

```
请输入 3 条边的边长: 2,4,6
这 3 条边无法构成一个三角形
```

第 2 次运行结果如下。

```
请输入 3 条边的边长: 3,4,5
这 3 条边可以构成一个三角形
```

说明: 输入 3 条边的边长时必须用英文半角逗号进行分隔。

例 3-6 中的双分支结构还可以用一个表达式来表示, 这种简洁表示方法一般适用于双分支结构中"语句块 1"和"语句块 2"是简单表达式的情况, 其语法格式如下。

```
表达式 1 if 条件 else 表达式 2
```

**例 3-7** 对例 3-6 的代码进行修改。

【问题解答】

```
a1,a2,a3=eval(input('请输入 3 条边的边长: '))
s='可以' if a1+a2>a3 and a1+a3>a2 and a2+a3>a1 else '无法'
print('这 3 条边{}构成一个三角形'.format(s))
```

第 1 次运行结果如下。

```
请输入 3 条边的边长: 6,6,6
这 3 条边可以构成一个三角形
```

第 2 次运行结果如下。

```
请输入 3 条边的边长: 3,5,9
这 3 条边无法构成一个三角形
```

程序控制结构 第 3 章

说明：表达式的结果是一个值，语句表示一个操作。例如，"a1+a2>a3 and a1+a3>a2 and a2+a3>a1"是表达式，"a1,a2,a3=eval(input('请输入 3 条边的边长：'))"是语句。

### 3.3.4 多分支结构

多分支结构使用关键字 if、elif 与 else，其语法格式如下。

```
if 条件 1:
    语句块 1
elif 条件 2:
    语句块 2
...
else:
    语句块 n
```

多分支结构中的"："与缩进是必不可少的。关键字 elif 表示上方条件为"假"时对 elif 后的条件表达式进行判断。多分支结构的程序流程图表示如图 3-5 所示，执行该语句时，首先计算"条件 1"表达式，如果为"真"则执行"语句块 1"并跳出多分支结构，否则计算"条件 2"表达式，此时如果为"真"则执行"语句块 2"并跳出多分支结构……也就是说，按照 if…elif…else 结构的代码顺序计算条件表达式的值，执行第一个结果为 True 条件所对应的语句块并退出多分支结构；如果所有条件表达式的值都为 False，则执行 else 下方的语句块（注意，else 语句可以省略）。

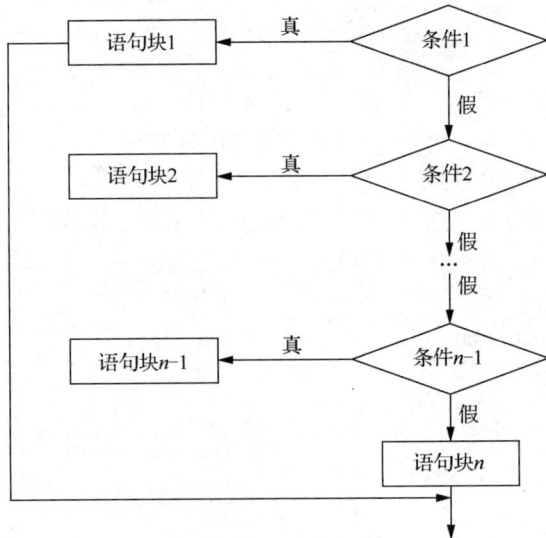

图 3-5　多分支结构的程序流程图表示

**例 3-8**　输入一个人的体重（单位为 kg）与身高（单位为 m），计算 BMI，输出 BMI 对应的体型。BMI 的计算公式如下。

$$BMI = \frac{体重}{身高^2}$$

BMI 与体型的关系如表 3-4 所示。

表 3-4 BMI 与体型的关系

| BMI | 体型 |
|---|---|
| ≤18.4 | 偏瘦 |
| >18.4 且<24 | 正常 |
| ≥24 且<28 | 过重 |
| ≥28 | 肥胖 |

【问题分析】

输入体重与身高的值，使用公式计算 BMI，然后进行体型判断。由于表 3-4 中列出的 BMI 是一个连续的区域，因此体型判断可以使用多分支结构 if…elif…else 来实现。

【问题解答】

```
w=eval(input('请输入体重（单位为 kg）: '))
h=eval(input('请输入身高（单位为 m）: '))
bmi=w/(h*h)
if bmi<=18.4:
    tx='偏瘦'
elif bmi<24:
    tx='正常'
elif bmi<28:
    tx='过重'
else:
    tx='肥胖'
print('体型: {}'.format(tx))
```

第 1 次运行结果如下。

```
请输入体重（单位为 kg）: 52
请输入身高（单位为 m）: 1.61
体型: 正常
```

第 2 次运行结果如下。

```
请输入体重（单位为 kg）: 80
请输入身高（单位为 m）: 1.61
体型: 肥胖
```

除了可以使用 if…elif…else 进行分段处理外，还可以使用多个先后执行的单分支 if 语句。也就是说，将表 3-4 中的每一行用一个 if 语句表示。

【问题解答】

```
w=eval(input('请输入体重（单位为 kg）: '))
h=eval(input('请输入身高（单位为 m）: '))
bmi=w/(h*h)
if bmi<=18.4:
    tx='偏瘦'
if 18.4<bmi<24:
    tx='正常'
```

47

```
if 24<=bmi<28:
    tx='过重'
if bmi>=28:
    tx='肥胖'
print('体型: {}'.format(tx))
```

第 1 次运行结果如下。

```
请输入体重（单位为 kg）: 52
请输入身高（单位为 m）: 1.73
体型: 偏瘦
```

第 2 次运行结果如下。

```
请输入体重（单位为 kg）: 80
请输入身高（单位为 m）: 1.73
体型: 过重
```

### 3.3.5　异常处理

Python 程序在运行时可能会产生错误，导致程序终止。例如，要求用户输入一个整数，先使用 input()函数接收用户输入的整数字符串，再使用 int()函数将整数字符串转换为整数，代码如下。

```
m=int(input('请输入一个整数: '))
```

但是在运行该语句时，用户如果输入了一个实数，如 1.23，则运行结果如下。

```
请输入一个整数: 1.23
Traceback (most recent call last):
  File "<pyshell#1>", line 1, in <module>
    m=int(input('请输入一个整数: '))
ValueError: invalid literal for int() with base 10: '1.23'
```

产生这种错误的原因是程序中使用了 int()函数，而该函数的参数如果是字符串则必须为整数字符串，但是用户输入的字符串不满足要求，因此程序运行时报错。为了保证程序运行时的稳定性，这类错误需要被程序捕获并处理。Python 提供了 try…except 语句用于异常处理，其语法格式如下。

```
try:
    语句块 1
except:
    语句块 2
```

该语句中的 try 与 except 是关键字，其后的 ":" 是必不可少的。语句块 1 是程序正常执行的语句，在语句块 1 执行过程中，若发生异常则执行语句块 2。

**例 3-9**　输入一个整数，对输入的整数进行奇偶性判断，如果输入不符合要求，会产生错误，即引起异常，则输出 "输入错误！"。

【问题分析】

将用户输入的值保存到变量 x 中，如果输入的不是一个整数字符串，会产生错误，即引起异常，异常处理的结果就是显示"输入错误！"，否则显示 x 是奇数或偶数。

【问题解答】

```
try:
    x=int(input('请输入一个整数: '))
    if x%2==0:
        print('{}是偶数'.format(x))
    else:
        print('{}是奇数'.format(x))
except:
    print('输入错误! ')
```

第 1 次运行结果如下。

```
请输入一个整数: 12
12 是偶数
```

第 2 次运行结果如下。

```
请输入一个整数: 1.2
输入错误!
```

在例 3-9 中处理的异常是输入异常，实际应用中可能会出现其他类型的异常。观察如下代码。

```
x,y=12,0
z=x/y
print(z)
```

运行结果如下。

```
Traceback (most recent call last):
  File "C:/Users/ahnu/Desktop/1.py", line 2, in <module>
    z=x/y
ZeroDivisionError: division by zero
```

这段代码运行时显示有运行错误 ZeroDivisionError，程序运行在 x/y 处终止。产生这个错误的原因是 x 与 y 在进行除法运算时，除数 y 为 0，而 Python 认为除数为 0 的除法运算是非法的。因此，可以修改为如下代码。

```
try:
    x,y=12,0
    z=x/y
    print('{}/{}={}'.format(x,y,z))
except:
    print('除数为 0, 错误! ')
```

运行结果如下。

```
除数为 0, 错误!
```

**例 3-10**　输入两个整数，输出这两个整数的商，要求该商大于或等于 1。

【问题分析】

将输入的两个整数保存到变量 x、y 中，如果输入的两个字符串中有一个不是整数字符串，就会产生错误 ValueError，这类异常的处理方法是显示"输入错误！"；如果进行除法运算时发现除数为 0，则会产生错误 ZeroDivisionError，这类异常的处理方法是显示"除数为 0，错误！"。程序一旦完成异常处理操作，就会终止。若程序未产生错误，则输出这两个整数的大于或等于 1 的商。

【问题解答】

```
try:
    x=int(input('请输入一个整数: '))
    y=int(input('请输入一个整数: ))
    if x<y:
        x,y=y,x
    z=x/y
    print('{}/{}={}'.format(x,y,z))
except ZeroDivisionError:
    print('除数为 0，错误! ')
except ValueError:
    print('输入错误! ')
```

第 1 次运行结果如下。

```
请输入一个整数: 1.2
输入错误!
```

第 2 次运行结果如下。

```
请输入一个整数: 2
请输入一个整数: 3.14
输入错误!
```

第 3 次运行结果如下。

```
请输入一个整数: 2
请输入一个整数: 0
除数为 0，错误!
```

第 4 次运行结果如下。

```
请输入一个整数: 2
请输入一个整数: 3
3/2=1.5
```

例 3-10 中，try 语句块内的某条语句一旦产生异常，程序就会捕捉该异常，并依次与关键字 except 后的异常类型进行比较，如果是 ZeroDivisionError 类型，就会输出"除数为 0，错误！"并终止程序；如果是 ValueError 类型，就会输出"输入错误！"并终止程序。在程序设计过程中，如果无须具体区分异常类型，则关键字 except 后无须添加异常类型名称。

**例 3-11** 输入 4 位整数，输出其百位数与个位数的和。

【问题分析】

如果用户输入的不是整数，则通过捕捉 ValueError 异常显示"输入错误！"；当输入不足 4 位的整数时，使用索引取字符会产生异常，此时通过无异常类型要求的 except 捕捉异常，并显示"某种原因出错了！"。

【问题解答】

```
try:
    s=input('请输入 4 位整数：')
    x=int(s)
    if (x>9999):
        print('超出 4 位！')
    else:
        d1=s[1]
        d2=s[3]
        m=int(d1)+int(d2)
        print('{}+{}={}'.format(d1,d2,m))
except ValueError:
    print('输入错误！')
except:
    print('某种原因出错了！')
```

第 1 次运行结果如下。

```
请输入 4 位整数：12345
超出 4 位！
```

第 2 次运行结果如下。

```
请输入 4 位整数：a1234
输入错误！
```

第 3 次运行结果如下。

```
请输入 4 位整数：12
某种原因出错了！
```

第 4 次运行结果如下。

```
请输入 4 位整数：1234
2+4=6
```

Python 的异常处理机制能够提高程序的可靠性和稳定性，建议合理使用异常处理机制。

## 3.4 循环结构

Python 的循环结构包括遍历循环和无限循环两种结构。遍历循环使用关键字 for，遍历可迭代对象，并依次进行处理。无限循环使用关键字 while，当循环条件为真时执行操作。

### 3.4.1 遍历循环

遍历循环的语法格式如下。

```
for 循环变量 in 遍历结构:
    语句块
```

其中，遍历结构可以是 range() 函数、字符串或文件等可迭代对象。

遍历循环的程序流程图表示如图 3-6 所示。

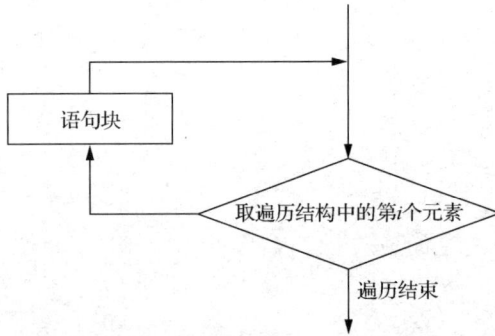

图 3-6　遍历循环的程序流程图表示

遍历循环是从遍历结构中逐个提取元素，将提取的元素存放到循环变量中，执行一次语句块，重复上述操作直到遍历结构中的元素都被提取。遍历循环的循环次数，即语句块的执行次数，是遍历结构中元素的个数。

如果遍历结构是 range() 函数，就逐一从 range 可迭代对象中取出元素，对该元素进行处理。

**例 3-12**　对于 $y = x^2 + 2x - 1$，要求将[-5,5]区间内的所有整数赋予 $x$，计算出对应的 $y$ 值，输出这些整数及其对应的 $y$ 值。

【问题分析】

先要生成[-5,5]区间内的每一个整数，需要使用 range(-5,6)，注意这时生成的是 range 对象；接着对[-5,5]区间内的每个整数进行遍历并赋予 x，使用 x**2+2*x-1 计算其对应的 y 值，输出这些整数及其对应的 y 值。

【问题解答】

```
for x in range(-5,6):
    y=x**2+2*x-1
    print("({},{})".format(x,y),end=" ")
```

运行结果如下。

```
(-5,14) (-4,7) (-3,2) (-2,-1) (-1,-2) (0,-1) (1,2) (2,7) (3,14) (4,23) (5,34)
```

如果遍历结构是字符串，就逐一从字符串中取出元素，对该元素进行处理。

**例 3-13**　输入一段英文，统计其中元音字母（a、i、o、e、u）的个数。

【问题分析】

将用户输入的一段英文保存在变量 text 中，计数器 n 初始值为 0。对 text 中的每个字符进行遍历并赋予变量 c，判断 c 是否出现在字符串'aeiou'中，若是则 n 加 1。循环结束后输出计数器 n 的值。

【问题解答】

```
text=input("请输入一段英文：")
n=0
for c in text:
```

```
    if c in "aeiou":
            n+=1
print("元音字母个数为: {}".format(n))
```

运行结果如下。

请输入一段英文: I am a student.
元音字母个数为: 4

**例 3-14**　用户输入拟定的密码，程序负责检查该密码是否由大写字母、小写字母、数字和其他字符构成，如果是则输出"密码强度高"，否则输出"密码强度不够，请重设"。

【问题分析】

将用户输入的字符串保存到变量 pwd 中，设置大写字母计数器 uppercnt、小写字母计数器 lowercnt、数字计数器 numcnt 与其他字符计数器 othercnt 的初始值均为 0。遍历 pwd 中的字符，判断字符是否为大写字母、小写字母、数字或其他字符，若是某类字符则相应的计数器值加 1。如果所有计数器的值均大于 0，则输出"密码强度高"，否则输出"密码强度不够，请重设"。

【问题解答】

```
pwd=input("请输入拟定的密码: ")
uppercnt,lowercnt,numcnt,othercnt=0,0,0,0
for i in pwd:
    if 'A'<=i<='Z':
            uppercnt+=1
    elif 'a'<=i<='z':
            lowercnt+=1
    elif '0'<=i<='9':
            numcnt+=1
    else:
            othercnt+=1
if uppercnt>0 and lowercnt>0 and numcnt>0 and othercnt>0:
    print("密码强度高")
else:
    print("密码强度不够, 请重设")
```

运行结果如下。

请输入拟定的密码: Myname120
密码强度不够, 请重设

### 3.4.2　无限循环

无限循环的语法格式如下。

```
while 条件:
    语句块
```

其中，"条件"是一个表达式，它可以是算术表达式、关系表达式，也可以是逻辑表达式，甚至可以是常量。这个表达式的值为 True 或 False。

无限循环的程序流程图表示如图 3-7 所示。

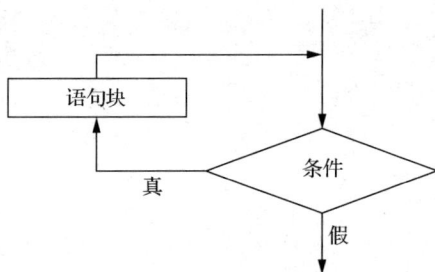

图 3-7　无限循环的程序流程图表示

使用 while 循环编程时，需要确定循环条件与反复执行的操作。循环条件就是循环执行时需满足的要求，反复执行的操作就是循环体。编程时为了避免死循环，需要检查循环体中是否存在修改循环条件值的语句。例如，下面的语句就存在死循环问题。

```
>>> i=0
>>> while i<3:
        print(i)
```

这条 while 语句在运行时会输出无限个 0，用户必须按组合键 Ctrl+C 才能终止程序。出现这种情况的原因是尽管变量 i 在进入循环前被赋予初始值 0，但是循环体中没有修改变量 i 的值，导致 i 的值始终为 0，则循环条件 i<3 恒为 True。

**例 3-15**　输入两个正整数 $x$ 与 $y$，计算 $x$ 与 $y$ 的最大公约数并输出。

【问题分析】

使用欧几里得算法计算两个正整数的最大公约数。从值 x、y 开始，计算 r=x%y，当 r!=0 成立时，反复执行 x,y=y,r 与 r=x%y 操作，循环结束时，y 就是所求的最大公约数，所以输出 y。

【问题解答】

```
x,y=eval(input())
r=x%y
m,n=x,y #保存初始时 x 与 y 的值
while r!=0:
    x,y=y,r
    r=x%y
print("{}与{}的最大公约数为：{}".format(m,n,y))
```

运行结果如下。

```
42,24
42 与 24 的最大公约数为：6
```

**例 3-16**　用户输入一组数，如输入 "#" 则结束输入，计算这组数的和并输出。

【问题分析】

将用户的输入保存到变量 x 中，设置累加器 s 的初始值为 0。当 x 不为 "#" 时，反复执行如下操作：计算 s=s+int(x)，并将输入数据保存到变量 x 中。循环结束时，输出累加器 s 的值。

【问题解答】

```
print("请输入一组数，以#结束")
x=input()
s=0
```

```
while x!='#':
    s=s+int(x)                #int(x)的作用是将字符串x转换为整数
    x=input()
print("和为: {}".format(s))
```

运行结果如下。

```
请输入一组数，以#结束
3
-5
6
#
和为: 4
```

### 3.4.3　循环控制

在遍历循环和无限循环的循环体中使用关键字 break 或 continue，可以实现相应的循环控制。

关键字 break 用于循环结构的循环体中，其功能是退出该关键字所在的循环，程序继续执行循环后的其他语句。在循环体中，break 一般作为条件分支语句出现，即满足某条件时执行 break。

**例 3-17**　用户输入整数 $x$，判断 $x$ 是否为素数。素数就是只能被 1 和自身整除的数。

【问题分析】

设置变量 x 保存用户输入的整数，如果 x<2，则输出"非素数"；否则，i 从 2 变化到 x-1，检查 x 能否整除 i，如果能整除则结束循环并输出"非素数"，如果循环正常结束则输出"是素数"。

【问题解答】

```
x=int(input())
if x<2:
    print("非素数")
else:
    flag=True    #若flag为True则表示x是素数，否则不是
    for i in range(2,x):
        if x%i==0:
            flag=False
            print("非素数")
            break
    if flag:
        print("是素数")
```

第 1 次运行结果如下。

```
45
非素数
```

第 2 次运行结果如下。

```
97
是素数
```

为了提高程序的运行效率，在判断数 $x$ 是否为素数时，$i$ 的取值可以从 2 到 $\sqrt{x}$，原因是若数 $x$ 有大于 $\sqrt{x}$ 的因子，则必然有小于 $\sqrt{x}$ 的因子。所以本例代码可修改为如下形式。

```
x=int(input())
if x<2:
    print("非素数")
else:
    flag=True  #若 flag 为 True 则表示 x 是素数，否则不是
    for i in range(2,int(x**0.5)+1):
        if x%i==0:
            flag=False
            print("非素数")
            break
    if flag:
        print("是素数")
```

在 Python 中，循环结构有扩展模式，遍历循环与无限循环的扩展模式的语法格式如表 3-5 所示。

表 3-5　循环结构的扩展模式的语法格式

| 遍历循环的扩展模式 | 无限循环的扩展模式 |
| --- | --- |
| for 循环变量 in 遍历结构:　　语句块 1　else:　　语句块 2 | while 条件:　　语句块 1　else:　　语句块 2 |

无论是遍历循环的扩展模式还是无限循环的扩展模式，循环结构中的"else:语句块 2"都是在 for 循环或 while 循环正常执行后才执行。也就是说，如果 for 循环或 while 循环在执行语句块 1 时因为 break 的执行而提前结束循环，则"else:语句块 2"不会被执行。

本例可以使用遍历循环的扩展模式来实现，无须使用变量 flag，代码如下。

```
x=int(input())
if x<2:
    print("非素数")
else:
    for i in range(2,int(x**0.5)+1):
        if x%i==0:
            print("非素数")
            break
    else:
        print("是素数")
```

当然，本例也可以用无限循环的扩展模式来实现，代码如下。

```
x=int(input())
if x<2:
    print("非素数")
else:
    i=2
    end=int(x**0.5)
    while i<=end:
        if x%i==0:
            print("非素数")
            break
```

```
        i+=1
    else:
        print("是素数")
```

需要注意的是，break 只能结束 break 所在的循环。请注意例 3-18 的运行结果。

**例 3-18** 用户输入文本，若输入"#"则程序结束，否则显示文本中首个元音字母前的字符。

【问题解答】

```
alph="aeiou"
while True:
    text=input()
    if text=='#':
        break
    for c in text:
        if c in alph:
            break
        print(c,end='')
    print()
```

运行结果如下。

```
banana
b
my pencil
my p
#
```

关键字 continue 也用于循环体中，其功能是提前结束本次循环，即循环体内 continue 下方的语句不执行，继续执行下一次循环。

**例 3-19** 用户输入文本，若输入"#"则程序结束，否则显示文本中的所有非元音字母的字符。

【问题解答】

```
alph="aeiou"
while True:
    text=input()
    if text=='#':
        break
    for c in text:
        if c in alph:
            continue
        print(c,end='')
    print()
```

运行结果如下。

```
banana
bnn
my pencil
my pncl
#
```

continue 与 break 的功能是不一样的。continue 只能提前结束本次循环，循环会继续执行；而 break 会终止整个循环，使循环提前结束。

## 3.5 实例解析：猜拳游戏

猜拳游戏"石头、剪刀、布"是我们熟悉的一种游戏。本节编一个程序，功能是与计算机猜拳。为了编写程序方便，程序中用 1 表示"石头"、2 表示"剪刀"、3 表示"布"。计算机生成一个随机数 $x$（$1 \leqslant x \leqslant 3$），用户使用键盘输入数字 $a$。若 $a<1$ 或 $a>3$，则输出"输入非法"。若 $a$ 与 $x$ 相同，则显示"平局！"。若 $a$ 为 1 且 $x$ 为 2、$a$ 为 2 且 $x$ 为 3 或者 $a$ 为 3 且 $x$ 为 1，则显示"本局你赢了！"；否则，显示"本局计算机赢了！"。

【问题分析】

在这个程序中需要生成随机数，随机数就是每次程序运行时产生的大小不确定的数。因为随机数的生成需要调用 random 库中的 randint() 函数，所以程序中需要使用"from random import randint"语句导入 random 库中的 randint() 函数。random 库中的 randint() 函数的调用形式为 randint(m,n)，其功能是返回一个随机整数 t（$m \leqslant t \leqslant n$）。因此，让计算机生成随机数 x（$1 \leqslant x \leqslant 3$）的语句如下。

```
from random import randint
x=randint(1,3)
```

单局猜拳游戏的代码如下。

```
from random import randint
x=randint(1,3)
a=int(input("请输入数字（1-石头，2-剪刀，3-布）: "))

if a<1 or a>3:
    print("输入非法")
else:
    print("计算机出拳: {}, 你出拳: {}".format(x,a))
    if a==x:
        print("平局! ")
    elif (a==1 and x==2) or (a==2 and x==3) or (a==3 and x==1):
        print("本局你赢了! ")
    else:
        print("本局计算机赢了! ")
```

运行结果如下。

```
请输入数字（1-石头，2-剪刀，3-布）: 2
计算机出拳: 1, 你出拳: 2
本局计算机赢了!
```

用户的出拳情况 a 是输入的，a 有可能不是整数，从而导致程序运行时因出现异常而结束。因此，需要在程序中增加异常处理。改进后的代码如下。

```
from random import randint
try:
    x=randint(1,3)
    a=int(input("请输入数字（1-石头，2-剪刀，3-布）: "))
```

```
    if a<1 or a>3:
        print("输入非法")
    else:
        print("计算机出拳：{}，你出拳：{}".format(x,a))
        if a==x:
            print("平局！")
        elif (a==1 and x==2) or (a==2 and x==3) or (a==3 and x==1):
            print("本局你赢了！")
        else:
            print("本局计算机赢了！")
except:
    print("输入非法")
```

【问题解答】

如果猜拳游戏的规则为谁先赢 3 局就判谁赢，则需要使用循环结构编程。本例使用无限循环时，如果循环条件为 True，循环体就是一次猜拳；此外，还得在上述代码的基础上统计赢的局数，使用 winp 表示用户赢的局数，使用 winc 表示计算机赢的局数，这两个只要有一个的值为 3 就结束循环，游戏结束时输出结果。修改后的代码如下。

```
from random import randint
winp,winc=0,0
while True:
    try:
        x=randint(1,3)
        a=int(input("请输入数字（1-石头，2-剪刀，3-布）："))
        if a<1 or a>3:
            print("输入非法")
        else:
            print("计算机出拳：{}，你出拳：{}".format(x,a))
            if a==x:
                print("平局！")
            elif (a==1 and x==2) or (a==2 and x==3) or (a==3 and x==1):
                print("本局你赢了！")
                winp+=1
            else:
                print("本局计算机赢了！")
                winc+=1
            if winp==3:
                print("\n恭喜恭喜！你胜了！")
                break
            elif winc==3:
                print("\n很遗憾！你输了！")
                break
    except:
        print("输入非法")
```

运行结果如下。

```
请输入数字（1-石头，2-剪刀，3-布）：1
计算机出拳：1，你出拳：1
```

平局！

请输入数字（1-石头，2-剪刀，3-布）：3

计算机出拳：3，你出拳：3

平局！

请输入数字（1-石头，2-剪刀，3-布）：2

计算机出拳：2，你出拳：2

平局！

请输入数字（1-石头，2-剪刀，3-布）：1

计算机出拳：1，你出拳：1

平局！

请输入数字（1-石头，2-剪刀，3-布）：2

计算机出拳：3，你出拳：2

本局你赢了！

请输入数字（1-石头，2-剪刀，3-布）：3

计算机出拳：3，你出拳：3

平局！

请输入数字（1-石头，2-剪刀，3-布）：5

输入非法

请输入数字（1-石头，2-剪刀，3-布）：a

输入非法

请输入数字（1-石头，2-剪刀，3-布）：2

计算机出拳：3，你出拳：2

本局你赢了！

请输入数字（1-石头，2-剪刀，3-布）：1

计算机出拳：1，你出拳：1

平局！

请输入数字（1-石头，2-剪刀，3-布）：3

计算机出拳：2，你出拳：3

本局计算机赢了！

请输入数字（1-石头，2-剪刀，3-布）：2

计算机出拳：1，你出拳：2

本局计算机赢了！

请输入数字（1-石头，2-剪刀，3-布）：4

输入非法

请输入数字（1-石头，2-剪刀，3-布）：1

计算机出拳：2，你出拳：1

本局你赢了！

恭喜恭喜！你胜了！

　　本例程序运行的结果并不一定与书中的结果一样，这主要是因为程序运行时每次产生的随机数并不一定完全相同。从本例的求解过程可以发现，求解问题采用的方法是先缩小问题规模进行求解，然后在一个初级模型上不断完善程序，再将问题规模扩大进行问题求解。那么我们在日常学习、工作和生活中碰到复杂问题时，也可以采用这种逐步求解、不断完善的方法，最终解决问题。

# 本章小结

本章介绍了 3 种基本程序控制结构，并主要讲解了分支结构与循环结构编程方面的知识。分支结构包括单分支结构、双分支结构和多分支结构，循环结构主要包括遍历循环和无限循环。此外，本章还详细地介绍了程序控制结构的扩展：异常处理 try…except 和用于循环控制的关键字 break 与 continue。最后，通过展示一个实例——猜拳游戏的完整程序设计过程，帮助读者加强对分支结构、循环结构、异常处理的理解。

# 扩展阅读

在编写程序时，可根据特定的需要对数据进行处理。当发现不符合要求的数据时，可以主动使用关键字 raise 抛出异常对象。该异常对象为 Exception 类型，抛出异常对象的语法格式为 "raise Exception("异常信息")"。一旦执行了 raise 语句，则程序中 raise 语句后的语句就不会被执行。

例如，对输入的两个数进行加法运算，要求一个加数为正数、另一个加数为负数。对于这类问题，一般使用分支结构进行编程，而此处采用异常处理方式来解决。

【问题分析】

当输入的两个加数 add1 与 add2 全为正数或全为负数时，即 add1*add2>0 时，抛出异常对象，其实现语句为 "raise Exception("两个加数符号相同")"。接下来就可以使用 except 进行异常捕捉，进而进行异常处理操作，此处的异常处理操作是要求重新输入加数。由于本例要求输入的两个加数一个为正数、另一个为负数，否则重新输入，如果输入符合要求，则输出两个加数的和，因此可以使用循环结构进行编程。

【问题解答】

```
while True:
    try:
        add1=float(input("第一个加数："))
        add2=float(input("第二个加数："))
        if add1*add2>0:
            raise Exception("两个加数符号相同")
        s=add1+add2
        print("{:.6f}+{:.6f}={:.6f}".format(add1,add2,s))
        break
    except:
        print("输入的加数必须为一个正数、一个负数")
```

运行结果如下。

```
第一个加数：3
第二个加数：4
输入的加数必须为一个正数、一个负数
第一个加数：-3
第二个加数：-4
输入的加数必须为一个正数、一个负数
第一个加数：a2
```

```
输入的加数必须为一个正数、一个负数
第一个加数：3
第二个加数：-2
3.000000+-2.000000=1.000000
```

# 本章习题

## 一、选择题

1. Python 程序中，语句的最后有反斜线是何意? (        )

    A. 注释           B. 续行符           C. 缩进标记         D. 字符串标注

2. 关于 Python 的分支结构，以下描述中错误的是（        ）。

    A. if…elif…else 语句用于描述多分支结构

    B. 分支结构使用关键字 if

    C. if…else 语句用于形成双分支结构

    D. 分支结构可以向已经执行过的语句部分跳转

3. 要统计满足"性别 gender 为男、职称 rank 为教授、年龄 age 小于 40 岁"条件的人数，正确的语句为（        ）。

    A. if(gender=="男" or age<40 and rank=="教授"):

        n+=1

    B. if(gender=="男" and age<40 and rank=="教授"):

        n+=1

    C. if(gender=="男" and age<40 or rank=="教授"):

        n+=1

    D. if(gender=="男" or age<40 or rank=="教授"):

        n+=1

4. 有如下程序。

```
i=0
while i<=2:
    print(i,end='')
    i+=1
```

以下哪个选项是以上程序的运行结果? (        )

    A. 0 1          B. 0 1 2         C. 1          D. 1 2

5. 以下关于循环结构的描述，错误的是（        ）。

    A. 遍历循环使用"for <循环变量> in <遍历结构>"，其中遍历结构不能是文件

    B. 使用 range()函数可以指定 for 循环的次数

    C. 语句 for i in range(5)表示循环 5 次，i 的值是从 0 到 4

    D. 使用循环结构处理字符串的时候，循环次数是字符串的长度

6. 下列程序的运行结果是（        ）。

```
sum=0
for i in range(100):
    if i%10==0:
```

```
            continue
        sum=sum+i
print(sum)
```

    A. 5050          B. 4950          C. 4500          D. 4600

    7. 下列程序的运行结果是（     ）。

```
count=0
while count<5:
    print(count, " is less than 5")
    count=count+1
else:
    print(count, " is not less than 5")
```

    A.  0 is less than 5          B.  1 is less than 5
        1 is less than 5                2 is less than 5
        2 is less than 5                3 is less than 5
        3 is less than 5                4 is less than 5
        4 is less than 5                5 is less than 5
        5 is not less than 5            5 is not less than 5

    C.  0 is less than 5          D.  1 is less than 5
        1 is less than 5                2 is less than 5
        2 is less than 5                3 is less than 5
        3 is less than 5                4 is less than 5
        4 is less than 5                5 is less than 5

    8. 有如下代码。

```
import random
num=random.randint(1,10)
while True:
    if num>=9:
        break
    else:
        num=random.randint(1,10)
```

    以下选项中，错误的是（     ）。

    A. 这段代码的功能是程序自动猜数字

    B. import random 是可以省略的

    C. while True:创建了一个永远执行的循环

    D. random.randint(1,10)用于生成[1,10]内的整数

    9. 下列程序的运行结果是（     ）。

```
t="Python"
print(t if t>="python" else "None")
```

    A. Python          B. python          C. t          D. None

    10. 下列程序的运行结果是（     ）。

```
for i in range(3):
    for s in "abcd":
```

```
    if s=="c":
        break
    print (s,end="")
```

A. abcabcabc          B. aaabbbccc          C. ababab          D. aaabbb

## 二、编程题

1. 使用键盘输入一个 5 位数，请编写程序判断这个数字是不是回文数。

2. 某商场举办促销活动，根据顾客购买商品的总金额 $v$（单位为元）给予相应的折扣，具体折扣方案如下。

$v<200$，没有折扣；

$200\leq v<400$，给予 5%的折扣；

$400\leq v<800$，给予 10%的折扣；

$800\leq v<1600$，给予 15%的折扣；

$1600\leq v$，给予 20%的折扣。

使用键盘输入顾客购买商品的总金额，输出顾客实际需要支付的金额以及优惠的金额。

3. 假设一年期定期利率为 3.25%，按复利方式计算需要过多少年 10000 元的一年定期存款连本带息能翻番。说明：复利是指一年后本金与利息再充当本金。

4. 若干大众评委给某个选手打分，分值是 100 内的一个整数，若打分为 0 则终止打分，求出这个选手的最终平均分。要求：最终平均分保留两位小数。

5. 猴子第一天摘下若干个桃子，当即吃了一半，还不过瘾，又多吃了一个。第二天早上将剩下的桃子吃掉一半，又多吃了一个，以后每天早上都吃了前一天剩下的一半多一个。到第 10 天早上想吃时，只剩下一个桃子了。求猴子第一天共摘了多少个桃子。

6. 四位玫瑰数是 4 位数的自幂数。自幂数是指一个 $n$ 位数，它的每位上的数字的 $n$ 次幂之和等于它本身。例如，当 $n$ 为 3 时，有 $1^3+5^3+3^3=153$，153 即 $n$ 为 3 时的一个自幂数。请输出所有 4 位数的四位玫瑰数，按照从小到大的顺序，每个数字占一行。

# 第**4**章 函数

Python 中的函数是一种组织好的、可重复使用的、用来实现单一或关联功能的代码段，用它可以构建应用程序的模块，提高代码的重复利用率。函数是进行模块化程序设计的途径之一，对程序调试和功能重构有重要意义。

学习目标：

（1）了解模块化程序设计的思想；

（2）理解函数的概念并掌握函数的基本使用方法；

（3）理解函数的参数和返回值；

（4）理解变量的作用域；

（5）了解 lambda 函数；

（6）理解函数递归的定义及使用方法。

## 4.1 函数概述

实际应用中，常采用模块化程序设计的思想来解决较为复杂的问题，而模块化程序设计又主要通过函数来实现，所以本章将主要介绍函数的相关概念及使用方法。

### 4.1.1 模块化程序设计

模块化程序设计一般采用自顶向下的方法，将问题划分为几个部分，再对各个部分进行细化，直到分解为较好解决的小问题为止；每个小问题都用一个相对独立的程序模块来解决，在这些模块之间建立必要的联系，通过模块的相互协作完成程序设计。模块化程序设计能够降低程序复杂度，使程序设计、调试程序和维护程序等操作简单化。

模块化程序设计一般有以下两个基本要求。

（1）尽可能合理划分功能模块，功能模块内部耦合度高。

（2）模块间的关系尽可能简单，功能模块之间耦合度低。

所以模块化程序设计的基本思想是自顶向下、逐步分解、分而治之，即将一个较大的程序按照功能分割成一些小模块，各模块相对独立、功能单一、结构清晰、接口简单。

学习函数是迈向模块化程序设计的重要一步。函数就是把具有独立功能的代码块组织成小模块，在需要的时候可以调用它。利用函数可以实现程序的模块化，使得程序设计更加简单和直观，提高程序的可读性和可维护性。程序员可以把程序中经常用到的一些计算或操作编写成通用函数，以便随时调用。

### 4.1.2　函数的基本概念

数学中也有函数，例如 $y=\sin(x)$。数学中的函数可以实现某种数据运算功能，而程序中的函数是可以实现某个特定功能的小程序块。每当程序需要实现特定的功能时，只需调用事先编写好的函数，这样就不必重复编写具有相同功能的代码。当需要改变函数的功能时，只需要修改函数中的代码，则程序中所有调用该函数的地方都会同步修改。

Python 中的函数包括内置函数、标准库函数、第三方库函数和用户自定义函数。Python 提供了一个内置模块 buildin，该模块定义了一些软件开发经常用到的函数，这些函数包含于 Python 解释器内，称为内置函数。利用内置函数可以实现数据类型的转换、数据的计算、序列的处理等，如 type() 函数用于返回一个对象的类型、set() 函数用于返回一个集合、round(x,n=0) 为用于进行四舍五入的函数等。

Python 库可以分为标准库和第三方库，这两种库内的函数分别称为标准库函数和第三方库函数，统称为库函数。Python 的标准库是 Python 自带的库，Python 的第三方库则需要下载后安装到 Python 的安装目录下，它们的调用方式是一样的，即都需要用 import 语句调用。

库函数无法完全满足实际应用中的需求，因此，用户有时需要根据自己的需求自行定义函数，这些函数称为用户自定义函数。

## 4.2　函数的使用

内置函数和库函数是事先定义好的，使用时直接调用或导入库后调用即可。用户自定义函数则需要用户按照 Python 相应的规则使用。用户自定义函数的使用主要包括两个部分：函数的定义和函数的调用。

### 4.2.1　函数的定义

函数是为实现特定功能而封装起来的一段语句,这些被封装起来的语句通过函数名称来调用,每次调用函数时可以提供不同的参数作为输入，以实现对不同数据的处理。函数执行后，可以反馈相应的处理结果。在 Python 中使用关键字 def 定义函数，语法格式如下。

```
def <函数名>(<参数列表>):
    <函数体>
    return <返回值列表>
```

函数定义的相关说明如下。

（1）函数名可以是任何有效的 Python 标识符。为了提高程序的可读性，函数名要求达到"见名知意"的效果。

（2）参数列表是调用该函数时传递给它的值，函数可以有 0 个、一个或多个参数，各参数之间用逗号分隔，没有参数时也要保留括号。定义函数时，函数名后面括号中的变量为形式参数，简称形参。形参只在函数体内部有效。

（3）函数体采用缩进格式，函数体是函数每次被调用时要执行的代码，由一条或多条语句组成。

（4）return 语句是可选项，主要功能是返回函数的处理结果。其返回的数据类型可以是数值类型、字符串类型和布尔类型等。该语句可以出现在函数体的任意位置，return 语句或函数体结束后会将控制权返回给调用者。

```
#定义一个简单的输出函数
def Prit():
    print("This is a function!")
```

Prit 是函数名，此函数没有参数和返回值；函数体为 print("This is a function!")，其作用是输出 "This is a function!"。

**例 4-1**　编写函数判断用户输入的字符串的首字符是否为数字。

【问题解答】

```
def isnum(s):
    if  "0"<=s[0]<="9":
        return True
    else:
        return False
```

isnum(s)函数是有参数的函数，功能是测试用户输入的字符串的首字符是否为数字，若是则返回 True，否则返回 False。定义函数时，函数并没有运行；函数定义后经过调用才能运行。

## 4.2.2　函数的调用

函数的调用是指在程序中执行该函数相应的操作或功能，调用结束后得到处理结果并返回。Python 通过函数名调用函数，调用函数的一般语法格式如下。

```
<函数名>(<实际参数列表>)
```

实际参数简称实参。实参可以是常量，也可以是变量或其他形式。实参必须有明确的值。

定义一个函数，代码如下。

```
def Prit():
    print("This is a function!")
```

调用上方定义的函数，运行结果如下。

```
>>> Prit()
This is a function!
```

函数调用的相关说明如下。

（1）程序在调用函数处暂停执行，转向被调用函数。

（2）实参的值按照一定的规则传递给形参。

（3）执行函数体语句。

（4）函数若有 return 语句，则给出返回值并结束调用，函数调用结束后返回暂停处继续执行其他语句。

```
#定义并调用函数判断用户输入的字符串的首字符是否为数字
def isnum(s):
    if  "0"<=s[0]<="9":
        return True
    else:
```

```
        return False
str=input("请输入一个字符串: ")
if isnum(str):
    print("首字符是数字! ")
else:
    print("首字符不是数字! ")
```

运行结果如下。

```
请输入一个字符串: python
首字符不是数字!
```

**例 4-2** 编写求 $n!$ 的函数。

【问题解答】

```
def fact(n):
    s=1
    for i in range(1,n+1):
        s*=i
    return s
```

调用此阶乘函数，运行结果如下。

```
>>> fact(5)
120
```

函数的调用一般有如下几种方式。

### 1. 以语句形式调用函数

该方式是指将函数调用作为一条语句。例如如下代码。

```
def happy():
    print("Happy new year!")            #定义 happy() 函数
print("**************")
happy()                                 #以语句形式调用该函数
print("**************")
```

运行结果如下。

```
**************
Happy new year!
**************
```

### 2. 以表达式形式调用函数

以表达式形式调用函数时，函数调用作为表达式的一部分，或者函数调用作为其他函数调用的实参。该方式用于调用带有返回值的函数。例如如下代码。

```
def Sum(a,b,c):
    return a+b+c                        #Sum(a,b,c) 函数的定义
a,b,c=eval(input("请输入 3 个数: "))
print("和为: ",Sum(a,b,c))              #以表达式形式调用该函数
avg=Sum(a,b,c)/3                        #以表达式形式调用该函数
print("均值为: ",avg)
```

运行结果如下。

```
请输入3个数：1,2,3
和为：6
均值为：2.0
```

## 4.3 函数的参数与返回值

### 4.3.1 函数的参数

函数的参数主要用于建立程序与函数之间的数据联系。当程序调用有参数的函数时，需要为函数指定实参，实参可以是任意合法的表达式，并且单向传递给形参。Python 中实参默认是按照位置传递给形参的，这种方式要求形参和实参的个数必须一致，并且按照位置一一对应。除此之外，Python 中传递参数的方式还有参数名称传递、可选参数传递、可变参数传递等。

#### 1. 参数名称传递

当函数参数很多时，可以采用这种方式传递参数。参数名称传递是指给每个参数值定义一个参数名，此时实参和形参不需要严格按照位置一一对应，从而提高了程序的可读性。其语法格式如下。

```
函数名(参数名1=值1,参数名2=值2,…)
```

例如如下代码。

```
>>> def Sub(x,y):
       return x-y
>>> print(Sub(y=8,x=10),Sub(8,10))
2  -2
```

#### 2. 可选参数传递

在定义函数时，可以给形参指定默认值。调用函数时，如果程序提供了对应的实参值，形参则使用该实参值；如果没有提供实参值，形参则使用默认值。定义可选参数函数的语法格式如下。

```
def <函数名>(<非可选参数列表>, <可选参数>=<默认值>):
    <函数体>
    return <返回值列表>
```

例如如下代码。

```
>>> def mul(a, b, c=2):        #c为可选参数，其默认值为2
       return a*b*c
>>> print("S=", mul(1,2,3))    #程序提供了实参3，所以c为3
S=6
>>> print("S=", mul(1,2))      #程序没有提供实参，所以c采用默认值2
S=4
```

> **注意**     定义可选参数函数时，要先给出所有非可选参数，然后依次列出可选参数及其默认值。

### 3．可变参数传递

在定义函数时可能无法确定参数个数，此时可设计可变参数函数，通过在参数前添加星号"*"实现可变参数。可变参数只能出现在参数列表的最后。调用函数时，可变参数会被当作元组类型传递到函数中，语法格式如下。

函数名(参数 1,参数 2,…,*参数)

参数名前加"*"表示这个参数是元组，元素个数可以是 0 个、一个或多个。

```
>>> def mul(a, *b):        #b 为可变参数
        print(type(b))     #b 的数据类型为元组
        for i in b:
            a *=i          #将 a 与 b 中的数据累乘，结果存储在 a 中
        return a
>>> mul(1,2,3)             #调用函数时，a 的值为 1，b 的值为(2,3)
<class 'tuple'>
6
```

## 4.3.2　函数的返回值

函数的运行结果是通过 return 语句来返回的。return 语句是可选的，利用它可以返回 0 个、一个或多个值。

### 1．无返回值的函数

无返回值的函数即函数中没有 return 语句或者 return 后没有任何值，函数会自动返回 None，表示没有返回值。它的数据类型是 NoneType。

```
>> def mul(x,y):
        s=x*y
        return
>>> a=mul(3,3)
>>> print(a)
None
>>> type(a)
<class 'NoneType'>
```

上述函数中的 return 语句可以删除。

### 2．返回一个值的函数

当 return 语句只返回一个值时，函数返回值的类型就是该值的类型，其可以是数值类型、字符串类型或布尔类型等。

```
>>> def Sub(x,y):
        return x-y
>>> s=Sub(7,3)
>>> print(s)
4
>>> type(s)
<class 'int'>
```

### 3．返回多个值的函数

当 return 语句返回多个值时，函数返回值的类型实际上是元组。

```
>>> def func(x,y):
        return x-y,x+y,x*y
>>> s=func(5,3)
>>> print(s)
(2, 8, 15)
>>> type(s)
<class 'tuple'>
```

**注意** 上例中也可以使用多个变量来接收返回值，方式类似于 Python 中的多变量赋值。

## 4.4 变量的作用域

在程序中，变量定义在不同位置时，其有效范围是不同的。变量的有效范围是指变量的作用域。Python 中的任何变量都有其特定的作用域，根据作用域，变量可以分为局部变量和全局变量。

### 1. 局部变量

局部变量是指在函数内部定义或创建的变量。它只能在函数内部被使用和访问，函数执行结束，函数的局部变量会被系统回收。

```
>>> def fun():
        a=100        #定义局部变量 a
        print(a)
>>> fun()            #调用函数时局部变量 a 有效，输出 a 的值
100
>>> print(a)         #退出函数时局部变量 a 消失，无效
Traceback (most recent call last):
  File "<pyshell#3>", line 1, in <module>
    print(a)
NameError: name 'a' is not defined
```

### 2. 全局变量

全局变量是指在函数外部定义的变量，它可以在程序的任何部分被使用和访问。

```
>>> a=100            #定义全局变量 a
>>> def fun():
        b=a+10       #在函数内使用全局变量 a 求和，然后给局部变量 b 赋值
        print(a,b)
>>> fun()            #调用并运行函数时，全局变量 a 和局部变量 b 均有效
100  110
>>> print(a)         #在函数外部，全局变量 a 有效
100
```

Python 中简单数据类型的全局变量不能在函数内部进行修改。如果函数内部出现值被修改的同名变量，那么该变量只是局部变量，仅在函数内部有效，而同名的全局变量的值不变。

```
>>> a=1              #定义全局变量 a，其初始值为 1
>>> def func():
        b=2
        a=b+1        #此处的 a 与全局变量 a 不同，仅在函数内部有效，它是局部变量
        print(a)
>>> func()           #调用函数输出局部变量 a 的值
```

```
3
>>> print(a)          #简单数据类型的全局变量没有被修改
1
```

如果想在函数内部修改简单数据类型的全局变量，则要用关键字 global 声明该全局变量，其语法格式如下。

```
global <全局变量>
```

例如如下代码。

```
>>> a=1
>>> def func():
        b=2
        global a    #声明此处 a 为全局变量，其改变的值保留
        a=b+1
        print(a)
>>> func()
3
>>> print(a)
3
```

组合数据类型中的可变数据类型全局变量在函数内部即使没有声明也可以被修改。

```
>>> ls=["A","B"]      #定义全局列表变量 ls
>>> def func():
        ls.append("C")   #修改 ls 的值
        print(ls)
>>> func()
['A', 'B', 'C']
>>> print(ls)
['A', 'B', 'C']
```

## 4.5 lambda 函数

关键字 lambda 用于定义一种特殊的函数——匿名函数，又称为 lambda 函数。可以将简单的、能够在一行内表示的函数定义为 lambda 函数，它返回一个函数类型；一般会用变量来接收该函数对象，此时变量相当于该函数的函数名。lambda 函数中，冒号左边是参数列表（可以有 0 个、一个或多个用逗号分隔的参数），冒号右边是 lambda 函数的表达式。lambda 函数可以与普通函数一样通过函数名来调用。定义 lambda 函数的语法格式如下。

```
[<函数名>]=lambda <参数列表>:<表达式>
```

例如如下代码。

```
>>> f=lambda x,y:x+y      #f 相当于函数名，x、y 为形参
>>> type(f)
<class 'function'>
>>> f(10, 20)
30
```

lambda 函数有函数名时等价于下面的形式。其使用方式与普通函数的使用方式类似，程序员

可以进行相关参数传递方式的设置或表达式的设置。

```
def <函数名>(<参数列表>):
    return <表达式>
>>> def f(x,y):
        return x+y
>>> f(10,20)
30
```

有如下程序及运行结果。

```
>>> g=lambda x, y=3, z=5:x*y*z
>>> g(z=2,x=1)
6
```

上述 lambda 函数是一个可选参数函数，y 和 z 是可选参数，并且是按照参数名称传递方式调用的。由于调用函数时可选参数 y 没有被传递对应的实参值，y 采用默认值 3，此时 x、y、z 分别为 1、3、2，所以运行结果为 6。

## 4.6 函数的递归

函数作为一种代码的封装是可以被其他程序调用的。同样地，也可以在函数内部调用其他函数，这种函数调用函数的方式称为函数的嵌套调用。递归是函数嵌套调用的一种特殊形式。确切来说，递归是一种直接或间接调用自身的函数调用方法，这种方法通常把一个大型、复杂的问题层层转换为一个与原问题相似的、规模逐渐变小的问题来求解。递归在数学和计算机应用方面的功能非常强大，能够非常简捷地解决重要问题。

下面以数学上经典的递归例子——阶乘来分析。自然数的阶乘通常定义为 $n!=n(n-1)(n-2)\cdots 1$，可以用公式（4-1）表示。

$$n!=\begin{cases} 1 & (n=1) \\ n(n-1)! & (其他) \end{cases} \qquad (4\text{-}1)$$

由式（4-1）可知，每个自然数 $n$ 的阶乘都可以定义为该数 $n$ 乘以比它小 1 的自然数（$n-1$）的阶乘，依此类推，直到 $n$ 为 1 时，无须再次递归（因为已经有明确的值 1）。所以 1!为该递归的出口，称为递归的基例。求阶乘的代码如下。

```
def fact(n):
    if n==1:
        return 1
    else:
        return n*fact(n-1)
```

由于递归就是在运行的过程中调用自己，因此构成递归需要满足两个基本条件。

（1）子问题须与原始问题为同样的事，且更为简单。

（2）不能无限制地调用本身，其至少有一个出口（基例），且它是确定的表达式。

**例 4-3** 用辗转相除法求两个正整数的最大公约数，要求用递归方法实现。

【问题分析】

将求两个正整数 a、b 最大公约数的函数定义为函数 f(a,b)，得到函数 f(a,b)的递归公式，如式

（4-2）所示。

$$f(a,b) = \begin{cases} b & (a\%b = 0) \\ f(b, a\%b) & (a\%b != 0) \end{cases} \qquad (4\text{-}2)$$

【问题解答】

```
def f(a,b):
    if a%b==0 :
        return b
    else:
        return f(b,a%b)
a,b=eval(input("请输入两个自然数: "))
print(f(a,b))
```

**例 4-4** 用递归方法实现斐波那契序列。

【问题分析】

斐波那契序列第 1 项和第 2 项均为 1，从第 3 项开始每一项都是它前两项之和，如式（4-3）所示。

$$f(n) = \begin{cases} 1 & (n=1\text{或}n = 2) \\ f(n-1)+f(n-2) & (n \geqslant 3) \end{cases} \qquad (4\text{-}3)$$

【问题解答】

```
def f(n):
    if n==1 or n==2:
        return 1
    else:
        return f(n-1)+f(n-2)
for i in range(1,9):
    print(f(i),end=",")        #输出斐波那契序列的前 8 项
```

## 4.7 实例解析：简易的用户注册和登录系统

注册和登录功能是一个网站最基础的功能之一，下面就设计函数模拟一个简易的用户注册和登录系统。

【问题分析】

注册系统用 regi()函数来实现，该函数利用字典来保存用户信息。login()函数是实现登录系统的函数，它先进行用户信息的核对，如果信息错误，则会进行登录次数的限制。主程序通过条件的选择来实现对注册函数和登录函数的调用。

【问题解答】

```
def regi():
    name=input("请输入姓名: ")
    if name in d.keys():
        print("用户名已经存在，请重新注册! ")
    else:
        d[name]=input("请输入您的新密码: ")
        print("注册成功! ")
```

```
def login():
    n=0
    while True:
        n+=1
        name=input("请输入您的用户名: ")
        password=input("请输入您的密码: ")
        if name in d and d[name]==password:
            print("登录成功! ")
            break
        else:
            if n>=3:
                print("对不起, 您是非法用户! ")
                break
            print("用户名或密码错误, 请重新输入: ")
d={}
while True:
    cmd=input("A为注册, B为登录: ")
    if cmd=="A":
        regi()
        continue
    if cmd=="B":
        login()
        break
    else:
        print("再见! ")
        break
```

运行结果如图 4-1 所示。

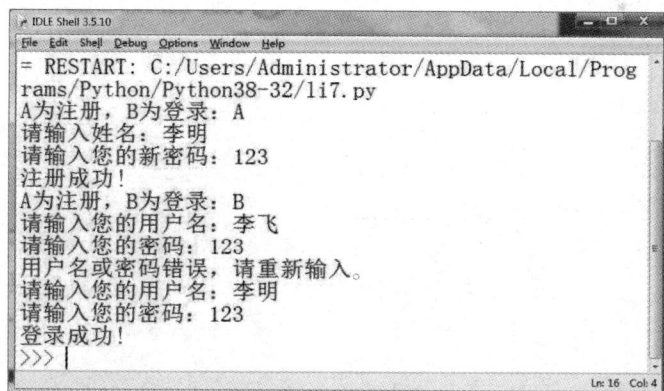

图 4-1　程序运行结果

# 本章小结

　　本章对模块化程序设计、函数的基本概念、函数的使用、函数的参数与返回值、变量的作用域、lambda 函数和函数的递归进行了介绍。Python 中的函数主要包括内置函数、标准库函数、第三方库函数和用户自定义函数。用户自定义函数是需要按照一定的规则来使用的。函数的使用主要包括函数的定义和函数的调用。Python 中是利用 def 来定义函数的，且函数需要先定义，然后才能调用。函数的调用是通过调用函数名来实现的。调用时需要先进行实参与形参的传递，可能是参数位置传递、参数名称传递、可选参数传递或可变参数传递，然后依次执行函数体语句，进行相关处理与结果的返回。函数的使用过程中也要理解变量的作用域等，本章的最后会介绍一些函数的扩展知识。

## 扩展阅读

Python 解释器提供了 68 个内置函数。这些函数不需要引用，可直接使用，并且程序员可以在 Python 命令行中使用命令 dir(__builtins__)查看这些函数。部分内置函数在前面章节已经介绍过，后面章节还会介绍一些内置函数，如介绍内置函数 map()。map 在这里的含义是映射，它会根据提供的函数对指定序列做映射。map()函数的返回值是一个迭代器，如果需要将其转换为列表，则可以使用 list()函数。map()函数的语法格式如下。

```
map(function,iterable[,…])
```

参数 function 为函数名，它既可以是用户自定义函数，也可以是 Python 内置函数等；参数 iterable 是一个或多个可迭代对象，例如列表、元组、字符串等。map()函数的主要功能是参数 iterable 中的每一个元素调用函数 function，从而实现多输入数据的处理。

例如以前对列表（或其他迭代对象）内部每个元素进行修改、加、减、乘、除等处理时，通常用 for 循环来实现，现在可以通过 map()函数来进行简化操作。

**例 4-5** 用 map()函数对列表的每个元素进行乘方计算。

【问题分析】

首先自定义一个实现乘方计算的函数，然后定义一个要处理的列表，最后借助 map()函数实现对该列表的每一个元素进行乘方计算，结果通过 list()函数以列表的形式显示。

【问题解答】

```
def f(x):
    return x**2
ls=[1,2,3,4,5,6]
a=map(f,ls)
print(list(a))
```

map()函数也可以与 lambda 函数结合使用，所以上述代码可以简化如下。

```
ls=[1,2,3,4,5,6]
a=map(lambda x:x**2,ls)
print(list(a))
```

## 本章习题

### 一、选择题

1. 在 Python 中，函数的定义可以不包括（　　）。
   A. 函数名　　　　B. 关键字 def　　　　C. 可选参数列表　　D. 括号
2. Python 中的函数不包括（　　）。
   A. 标准库函数　　B. 第三方库函数　　　C. 内置函数　　　　D. 参数函数

3. 关于 Python 的全局变量和局部变量，以下描述错误的是（　　）。

A. 局部变量指在函数内部使用的变量，当退出函数时，局部变量依然存在，下次调用函数时可以继续使用

B. 使用关键字 global 声明简单数据类型变量后，该变量作为全局变量使用

C. 简单数据类型变量无论是否与全局变量重名，都只在函数内部被创建和使用，退出函数后变量被释放

D. 全局变量指在函数外部定义的变量，一般没有缩进，在程序执行全过程有效

4. 关于 Python 中的 lambda 函数，以下描述错误的是（　　）。

A. lambda 函数只是一个表达式，其函数体比 def 函数体简单很多

B. f=lambda x,y:x+y 执行后，f 的类型为数值类型

C. g=lambda x, y=3, z=5: x*y*z，执行 print(g(1)) 语句的结果为 15

D. lambda 用于定义简单的、能够在一行内表示的函数

5. 以下程序的运行结果是（　　）。

```
def func(n):
    n*=2
x=20
func(x)
print(x)
```

　　A. 40　　　　　　　　B. 出错　　　　　　　C. 无输出　　　　　D. 20

6. 以下程序的运行结果是（　　）。

```
def calu(x=3, y=2, z=10):
    return(x ** y * z)
a=2
b=3
print(calu(a,b))
```

　　A. 90　　　　　　　　B. 80　　　　　　　　C. 60　　　　　　　D. 70

7. 以下程序的运行结果是（　　）。

```
def split(s):
    return s.split("a")
s="Happy birthday to you!"
print(split(s))
```

　　A. ['H', 'ppy birthd', 'y to you!']　　　　　　B. "Happy birthday to you!"

　　C. 运行出错　　　　　　　　　　　　　　　D. ['Happy', 'birthday', 'to', 'you! ']

8. 以下程序的运行结果是（　　）。

```
def test(b=2, a=4):
    global z
    z+=a*b
    return z
z=10
print(z, test())
```

　　A. 18　　None　　　　　　　　　　B. 10　　18

　　C. UnboundLocalError　　　　　　　D. 18　　18

9. 以下程序的运行结果是（　　　）。

```
s=0
def fun(num):
    try:
        s+=num
        return s
    except:
        return 0
    return 5
print(fun(2))
```

    A. 5                       B. 2

    C. UnboundLocalError        D. 0

10. 以下程序的运行结果是（　　　）。

```
def fun(n):
    if n==1 or n==2:
        return 2
    else:
        return n-fun(n-1)
print(fun(5))
```

    A. 1          B. 2          C. 3          D. 4

## 二、编程题

1. 编写判断闰年的函数，输出 2000 年—2200 年的所有闰年，要求每行输出 7 个。

2. 重复字符判定。编写一个函数，接收字符串作为参数，如果一个字符在字符串中出现了不止一次，则返回 True，否则返回 False。同时编写调用这个函数和输出测试结果的程序。

3. 编写一个函数，计算输入字符串中数字字符的个数。

4. 使用键盘输入 4 个数，输出最小值。要求使用函数求最小值，并在程序中调用该函数。（思考可否设计求任意个数的最小值的函数？）

5. 输入一个正整数，输出它的所有质因子（所有为素数的因子）。例如，若输入 15，则输出 3 和 5。提示：可以通过编写判断素数的函数来实现。

6. 利用辗转相除法编写求最大公约数的递归函数。

# 第5章 组合数据类型

第 2 章介绍的数值类型包括整数类型、浮点类型、布尔类型和复数类型。这些类型各自仅能表示一种数据，这种只能表示单一数据的数据类型称为基本数据类型。实际计算中存在许多需同时处理多种数据的情况，此时需要将多种数据有效地组织起来并统一表示。这种能够表示多种数据的数据类型称为组合数据类型。

学习目标：

（1）理解元组的定义及应用；

（2）理解列表和集合的定义及操作函数与操作方法；

（3）理解字典的定义及操作函数与操作方法；

（4）理解组合数据类型的简单实际应用方法。

## 5.1 组合数据类型概述

组合数据类型将多个同类型或不同类型数据组织起来，进行单一表示，这样可以使对数据的操作更有序、更容易。根据数据之间的关系，组合数据类型可以分为 3 类，即序列类型、集合类型和映射类型，如图 5-1 所示。

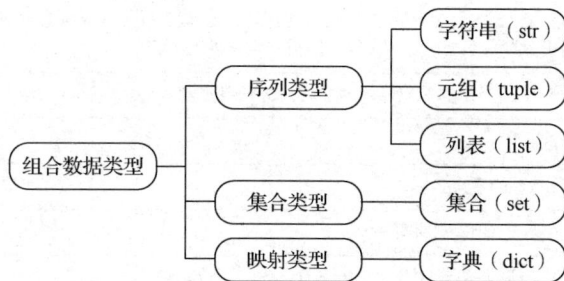

图 5-1 组合数据类型

序列类型是一维元素向量，元素之间存在先后关系，允许通过序号访问其元素；它采用有序元素排列方式，允许重复元素存在。Python 中有许多数据类型都属于序列类型。元组类型和列表类型是两种特殊的序列类型，它们具备序列类型的所有特性，另外还具有其他相关特性。从数据组成的角度来看，字符串类型数据是由一个一个字符按照先后顺序排列而成的，属于由字符构成的序列类型数据。

集合类型是一种元素类型，元素之间无序，相同元素在集合中唯一存在，不允许重复元素存在。例如，一个班级的学生是该班级一个一个的元素，班级是一个集合，我们可以对其进行统一计算或其他处理。

映射类型采用"键-值"数据项的组合方式进行表示，每个元素是一个键值对。

本章将重点介绍 4 种在 Python 中常用的组合数据类型，它们分别是元组（tuple）、列表（list）、集合（set）和字典（dict）类型。下面介绍序列类型的两种编号、操作符和操作函数。

例如，由 $n$ 个数值组成的序列，可以表示为如下形式。

$$s = s_0, s_1, s_2, s_3, \cdots, s_{n-1}$$

每个元素在该序列中有唯一的从 0 开始的编号，元素之间存在顺序关系，第 1 个元素是 $s_0$，第 2 个元素是 $s_1$，依此类推，不同元素可以有相同数值。

序列类型使用索引 s 标识每个元素的位置，每个元素有正向递增序号和反向递减序号两种编号，如图 5-2 所示。索引 s 从左边开始编号，第一个为 0，然后依次增加 1；另一种编号方式是从右边开始，第一个为-1，然后向左依次为-2、-3……。例如在图 5-2 中，元素 1024 的编号有 2 和 -3 两种。

图 5-2　序列类型元素的两种编号

序列类型通用的操作符和操作函数用法如表 5-1 所示。

表 5-1　序列类型通用的操作符和操作函数用法

| 操作符和操作函数用法 | 描述 |
| --- | --- |
| x in s | 如果 x 是 s 的元素，则返回 True，否则返回 False |
| x not in s | 如果 x 不是 s 的元素，则返回 True，否则返回 False |
| s+t | 连接 s 和 t |
| s*n 或 n*s | 将序列 s 复制 n 次 |
| s[i] | 索引，返回序列的第 i 个元素 |
| s[i:j] | 切片，返回包含序列 s 第 i~j 个元素（不包含第 j 个元素）的子序列 |
| s[i:j:k] | 分片，返回包含序列 s 第 i~j 个元素（不包含第 j 个元素）以 k 为步长的子序列 |
| len(s) | 返回序列 s 的元素个数（长度） |
| min(s) | 返回序列 s 中的最小元素 |
| max(s) | 返回序列 s 中的最大元素 |
| s.index(x) | 返回序列 s 中第一次出现的元素 x 的位置 |
| s.count(x) | 返回序列 s 中出现 x 的总次数 |

字符串是特殊的序列类型，下面对相应操作进行举例说明。

**例 5-1** 元素的编号与元素之间的关系示例如下。

```
>>> s="abcdefghijklmnopqrstuvwxyz"
>>> s[0]
'a'
>>> s[3]+s[-1]
'dz'
>>> s[2:6]                      #字符串切片
'cdef'
```

**例 5-2** 元素关系的判断示例如下。

```
>>> s[0:3]*3
'abcabcabc'
>>> "a" in s
True
>>> "abc" in s
True
```

**例 5-3** 部分函数的应用示例如下。

```
>>> max(s)                      #求字符串 s 中的最大元素
'z'
>>> len(s)                      #求字符串 s 的长度
26
>>> s.index("def")              #求字符串 s 中第一次出现"def"的位置
3
```

## 5.2 元组类型

元组是有序序列，其在 Python 中表示为 tuple 类型，包含任意个对象。

### 5.2.1 元组的定义

元组有多种定义方式。

**1. 元组的定义方式一**

```
变量=(元素 1,元素 2,元素 3)
```

这里定义了一个元组，包含 3 个元素。元组元素用括号括起来，元素之间用逗号隔开。注意：不管是括号还是逗号都是半角状态的。元组中的元素可以是任意 Python 对象类型，如字符串类型、数值类型、布尔类型、元组类型、列表类型、集合类型等。

```
>>> t=(123, 'abc', ["come","here"])
```

**2. 元组的定义方式二**

```
变量=元素 1,元素 2,元素 3
```

这里定义了一个元组，包含 3 个元素。相较元素定义方式一，此方式省略了括号。例如如下代码。

```
>>> t=123, 'abc', ["come","here"]
>>> t
(123, 'abc', ['come', 'here'])
```

### 3. 元组的定义方式三

变量=tuple(字符串)

应用 tuple()函数定义一个元组，其元素是字符串的所有字符，不指定参数时将返回一个空元组。例如如下代码。

```
>>> t=tuple("abcab")              #将字符串转换为元组
>>> t
('a', 'b', 'c','a', 'b')
>>> s=tuple()                     #定义空元组
>>> s
()
```

元组是一种序列类型，具有序列类型的全部特点，因此可以对其应用序列类型的操作符和操作函数。例如如下代码。

```
>>> s=(1,"abc",3.14,(1,2))
>>> s[1]*3
'abcabcabc'
>>> s[0:3]                        #元组切片
(1, 'abc', 3.14)
```

使用操作符 "+" 可将两个元组的元素按照顺序连接，形成一个新的元组。例如如下代码。

```
>>> s=(1,3.14)
>>> t=(1,True,"abc",1)
>>> s+t                           #连接元组 s 和元组 t
(1, 3.14, 1, True, 'abc', 1)
```

若要使用序列类型的操作函数，如 max()、min()等，则要求元组的元素具有可比较性，否则无意义。例如如下代码。

```
>>> s=(1,2,3,3.14,-5)
>>> min(s)                        #求元组元素的最小值
-5
>>> s.index(3)                    #求元素 3 在元组 s 中的位置
2
>>> s.count(1024)                 #求元素 1024 在元组 s 中出现的次数
0
```

元组的元素不能更改，这一点与字符串类似；但其元素可以是任意类型的数据，这一点不同于字符串。例如如下代码。

```
>>> t=1,"23",[123,"abc"],("python","learn")
>>> t
(1, '23', [123, 'abc'], ('python', 'learn'))
>>> t[0]=8                        #将第 0 个元素改为 8，会出现错误
Traceback (most recent call last):
  File "<pyshell#19>", line 1, in <module>
```

```
      t[0]=8
TypeError: 'tuple' object does not support item assignment
>>> t.append("abc")                    #将元素 "abc" 追加到元组的末尾, 会出现错误
Traceback (most recent call last):
  File "<pyshell#20>", line 1, in <module>
    t.append("abc")
AttributeError: 'tuple' object has no attribute 'append'
```

### 5.2.2　元组的索引和切片

元组的基本操作主要有索引、切片、函数操作等。

**例 5-4**　索引和切片操作示例如下。

```
>>> t=(1, '23', [123, 'abc'], ('python', 'learn'))
>>> t
(1, '23', [123, 'abc'], ('python', 'learn'))
>>> t[2]
[123, 'abc']
>>> t[1:]
('23', [123, 'abc'], ('python', 'learn'))
>>> t[2][0]                         #求这里的 t[2][0]对应的元素
123
>>> t[3][1]
'learn'
```

这里要特别提醒, 如果一个元组中只有一个元素, 则应该在该元素后面加一个英文半角逗号。
如果不加逗号, 则不是元组类型。

```
>>> a=(3)
>>> a
3
>>> type(a)
<class 'int'>                        #a 是整数类型, 而不是元组类型
>>> b=(3,)
>>> b
(3,)
>>> type(b)
<class 'tuple'>                      #b 是元组类型
```

### 5.2.3　元组的应用

如果要定义一个值的常量集, 并且需要不断地遍历该常量集, 则适合使用元组类型。不需要
修改的数据也适合使用元组类型来定义。

**例 5-5**　对元组类型数据进行遍历的示例如下。

```
>>> a=(1,2,3,4,5)
>>> for i in a:                    #遍历元组 a
    print(i,end="月")
1月2月3月4月5月
>>> for j in ("安徽","江苏","浙江"):
    print(j+"省",end="")
安徽省江苏省浙江省
```

如果某个函数要返回多个值，则可以以元组形式返回。例如如下代码。

```
>>> def f(x,y):
        return "x+y=",x+y,"x-y=",x-y          #返回元组类型的值
>>> f(3.14,2.71)
('x+y=', 5.85, 'x-y=', 0.43000000000000016)
```

## 5.3 列表类型

在 Python 的组合数据类型中，应用范围最广的是列表类型。列表是用于表达多个数据对象的序列，有多个操作函数和操作方法。

### 5.3.1 列表的定义

列表是包含任意个元素的有序序列，没有长度限制，可自由增删元素，属于序列类型。列表元素的类型可以不同，其可以是数值类型、字符串类型、元组类型、列表类型等。列表的元素个数（列表的长度）和元素的值都是可变的，用户可自由地对列表元素进行增加、删除或替换等操作。列表的定义方式主要有以下两种。

#### 1. 定义方式一

```
变量=[元素 1,元素 2,元素 3]
```

中括号里面元素的类型可以是数值类型、字符串类型、布尔类型，也可以是元组类型、列表类型、集合类型。不包含任何元素的列表称为空列表。例如如下代码。

```
>>> a=[]                        #定义一个空列表
>>> type(a)                     #查看 a 的类型
<class 'list'>                  #用内置函数 type()查看变量 a 引用对象的类型，为列表类型
>>> print(a)                    #输出列表
[]
>>> a=['2', 3, 'abcde']         #定义一个列表
>>> a                           #输出 a 的值
['2', 3, 'abcde']
>>> type(a)                     #查看 a 的类型
<class 'list'>
>>> print(a)                    #输出 a 的值
['2', 3, 'abcde']
>>> c=[1,(5,4),[5,8]]           #定义一个列表
>>> d=[3.14,True,c]             #定义一个列表
>>> a=(1,2,3)                   #定义一个元组
>>> b=list(a)                   #将元组转换为列表
>>> type(b)                     #查看 b 的类型
<class 'list'>
```

#### 2. 定义方式二

```
变量=list(参数)
```

这里的参数是指字符串、元组、集合等。如果参数是字符串，则将字符串中的所有字母按照顺序作为列表的元素，从而将字符串转换为列表。例如如下代码。

```
>>> s="abcabcabc"              #定义一个字符串
>>> type(s)                    #查看 s 的类型
<class 'str'>
>>> t=list(s)                  #将字符串转换为列表
>>> type(t)                    #查看 t 的类型
<class 'list'>
>>> print(t)                   #输出列表 t 的值
['a', 'b', 'c', 'a', 'b', 'c', 'a', 'b', 'c']
```

如果参数是元组，则将元组所有元素按照顺序作为列表的元素，从而将元组转换为列表。例如如下代码。

```
>>> a=(1,3.14,"abc",True)      #定义一个元组
>>> type(a)                    #查看 a 的类型
<class 'tuple'>
>>> b=list(a)                  #定义一个列表，将元组 a 转换为列表
>>> print(b)
[1, 3.14, 'abc', True]
>>> type(b)                    #查看 b 的类型
<class 'list'>
```

使用 tuple()函数可以将列表转换为元组。例如如下代码。

```
>>> ls=[1, '23', 'Python', 'learn']
>>> t=tuple(ls)                #将列表转换为元组
>>> t
(1, '23', 'Python', 'learn')
```

### 5.3.2 列表的索引和切片

索引是列表的基本操作，它用于获得列表的一个元素，沿用序列类型数据的索引方式，具有正向递增序号和反向递减序号。例如如下代码。

```
>>> a=['2', 3, 'abcde']        #定义一个列表
>>> a[0]                       #列表的索引操作
'2'
>>> a[1:]                      #列表的切片操作
[3, 'abcde']
>>> a[:2]
['2', 3]
>>> lst=['Python', 'Java', 'C++']
>>> lst[-1]                    #列表的切片操作
'C++'
>>> lst[-1:-3]                 #列表的切片操作
[]
>>> lst[-3:-1]
['Python', 'Java']
```

切片是列表的基本操作，它用于获得列表的一个片段，其中包含列表的若干个元素，并且切片结果仍然是列表。列表的切片操作的语法格式如下。

```
<列表或列表变量>[N:M]
```

使用原列表的从 N 到 M（不包含 M）的元素组成新列表。其中，N 和 M 是列表的索引序号，我们可以混合使用正向递增序号和反向递减序号。在列表的切片操作中，一定要注意左边的数字应小于右边的数字。列表的切片结果还是一个列表，我们可以对其综合应用列表的运算符。例如如下代码。

```
>>> a=['2', 3, 'abcde']
>>> a[:2]*2                  #先将第 0 个、第 1 个元素组成新的列表，然后应用操作符 "*"
['2', 3, '2', 3]
```

此外，还可以按照顺序对列表的每一个元素进行相同类型的操作，也就是对列表进行的遍历操作，其语法格式如下。

```
for <循环变量> in <列表变量>:
    <语句块>
```

例如如下代码。

```
>>> ls=[10,"10",(10,"10"),[10,"10"]]
>>> for item in ls:           #遍历列表 ls，对每一个元素执行 "*2" 的操作
    print(item*2)
20
1010
(10, '10', 10, '10')
[10, '10', 10, '10']
```

### 5.3.3　列表的操作符

列表的操作符用法如表 5-2 所示。

表 5-2　列表的操作符用法

| 操作符用法 | 描述 |
| --- | --- |
| x in s | 如果 x 是 s 的元素，则返回 True，否则返回 False |
| x not in s | 如果 x 不是 s 的元素，则返回 True，否则返回 False |
| s+t | 连接 s 和 t |
| s*n 或 n*s | 将序列 s 复制 n 次 |
| ls[i]=x | 替换列表 ls 第 i 项数据为 x |
| ls[i:j]=lt | 用列表 lt 换列表 ls 中的第 i 项到第 j 项（不含第 j 项）数据 |
| ls += lt | 将列表 lt 的元素增加到列表 ls 中 |
| ls *= n | 更新列表 ls，将其元素重复 n 次 |

列表是一种序列类型，具有序列类型的全部特点，因此可以对其应用序列类型的所有操作符和操作函数。

操作符 in 和 not in 的使用示例如下。

```
>>> c=[1,(5,4),[5,8]]              #定义列表c
>>> 1 in c
True
>>> (5,4) in c                     #判断(5,4)是不是列表c的元素
True
>>> 5,4 in c
(5, False)
>>> [5,8] not in c                 #判断[5,8]是不是列表c的元素
False
```

使用操作符"+"可将两个列表的元素按照顺序连接，形成一个新的列表。例如如下代码。

```
>>> c=[1,(5,4),[5,8]]
>>> d=list("abc")
>>> c+d
[1,(5,4),[5,8],'a','b','c']
>>> c*2
[1,(5,4),[5,8],1,(5,4),[5,8]]
>>> type(c*2)
<class'list'>
```

使用赋值符号"="可以改变列表的一个元素或部分元素的值。使用赋值符号时，要注意元素的序号。

已知列表 ls 的值为[1,2,3,"a","b","c",(1,2),[3,4]]。

```
>>> ls=[1,2,3,"a","b","c",(1,2),[3,4]]
```

将列表 ls 的第 5 项元素"c"替换为"d"。

```
>>> ls[5]="d"
>>> print(ls)
[1,2,3,'a','b','d',(1,2),[3,4]]
```

将列表 ls 的第 3～5 项元素替换成列表["x","y"]。

```
>>> ls[3:6]=["x","y"]              #或者用 ls[-5:-2]=["x","y"]
```

也可以使用如下代码。

```
>>> t=["x","y"]
>>> ls[3:6]=t
```

运行结果如下。

```
>>> print(ls)
[1,2,3,'x','y',(1,2),[3,4]]
```

ls+=lt 的含义是先计算列表 ls 与列表 lt 的和，即 ls+lt，得到一个新列表，然后将新列表赋予列表 ls，相当于 ls=ls+lt。语句执行之后，列表 ls 被改变，列表 lt 未改变。例如如下代码。

```
>>> ls=[1,2,3,"a","b","c",(1,2),[3,4]]
>>> lt=["x","y","z"]
>>> ls+=lt
>>> print(ls)
[1,2,3,'a','b','c',(1,2),[3,4],'x','y','z']
>>> print(lt)
['x','y','z']
```

组合数据类型　第5章

### 5.3.4 列表的操作函数

列表的操作函数如表 5-3 所示。

表 5-3　列表的操作函数

| 操作函数 | 描述 |
|---|---|
| len(ls) | 计算并返回列表 ls 的元素个数，结果是整数 |
| max(ls) | 计算并返回列表 ls 的最大值，结果是一个元素；这里要求列表的元素可比较 |
| min(ls) | 计算并返回列表 ls 的最小值，结果是一个元素；这里要求列表的元素可比较 |
| list(x) | 将 x 转换为列表，结果是一个列表 |

len()函数的使用示例如下。

```
>>> lst=['Python','Java','C++']
>>> len(lst)
3
```

函数 max()和 min()分别用于计算并返回列表中的最大值和最小值。这两个函数的使用前提是列表的元素可比较。如果列表元素的类型不同，则不可比较，这两个函数将会报错。

下面以整数类型元素、字符串类型元素间的比较为例，分别求列表的最大值和最小值。

```
>>> s=[1,2,3]
>>> max(s)                      #求列表 s 的最大值
3
>>> alst=[1,2,3,4,5,6]
>>> max(alst)                   #求列表 alst 的最大值
6
>>> min(alst)                   #求列表 alst 的最小值
1
>>> lst=['Python', 'Java','C++']
>>> max(lst)                    #求列表 lst 的最大值
'Python'
>>> min(lst)                    #求列表 lst 的最小值
'C++'
```

不可比较的元素类型有布尔类型与字符串类型。例如如下代码。

```
>>> ls=[True,"abc"]
>>> max(ls)              #由于布尔值 True 与字符串"abc"不可比较，因此会报错
Traceback (most recent call last):
  File "<pyshell#120>", line 1, in <module>
    max(ls)
TypeError:'>'not supported between instances of 'str' and 'bool'
```

使用 list(x)可以将参数 x 转换为列表类型，其中，参数 x 可以是字符串类型、元组类型、集合类型、字典类型。例如如下代码。

```
>>> list("Python")
['P','y','t','h','o','n']
>>> a=(3.14,"abc",True)
>>> list(a)                     #将元组类型转换为列表类型
```

```
[3.14, 'abc', True]
>>> b={"a","e","b"}
>>> list(b)                          #将集合类型转换为列表类型
['a', 'e', 'b']
>>> c={"1001":"安徽","1002":"江苏"}
>>> list(c)                          #将字典类型转换为列表类型
['1001', '1002']
```

### 5.3.5  列表的操作方法

列表除了可以使用序列类型的操作函数外，还有一些特殊的操作方法，使用这些操作方法可以实现列表元素的增、删、改等操作。语法格式如下。

列表变量.方法名称(方法参数)

列表的常用操作方法如表 5-4 所示。

**表 5-4  列表的常用操作方法**

| 操作方法 | 描述 |
|---|---|
| ls.index(x) | 返回列表 ls 中第一次出现元素 x 的位置 |
| ls.count(x) | 返回列表 ls 中出现元素 x 的总次数 |
| ls.append(x) | 在列表 ls 最后增加一个元素 x |
| ls.extend(lb) | 将列表 lb 的所有元素添加到列表 ls 的末尾 |
| ls.clear() | 删除列表 ls 中的所有元素 |
| ls.copy() | 生成一个新列表，复制列表 ls 中的所有元素 |
| ls.insert(i,x) | 在列表 ls 的第 i 个位置增加元素 x |
| ls.pop(i) | 将列表 ls 中的第 i 项元素取出并删除该元素 |
| ls.remove(x) | 将列表 ls 中出现的第一个元素 x 删除 |
| ls.reserve() | 将列表 ls 中的元素反转 |
| ls.sort() | 对列表 ls 的所有元素进行从小到大的排序 |

这些操作方法的用法极其简单，应用示例如下。

#### 1．count()和 index()的用法

count()的功能是计算某个元素在列表中出现的次数。例如如下代码。

```
>>> la=[1,2,1,1,3]
>>> la.count(1)                      #计算元素 1 在列表 la 中出现的次数
3
>>> la.append('a')
>>> la.append('a')
>>> la
[1,2,1,1,3,'a','a']
>>> la.count('a')                    #计算元素 a 在列表 la 中出现的次数
2
>>> la.count(5)                      #计算元素 5 在列表 la 中出现的次数
0                                    #虽然列表 la 中没有元素 5，但是不报错，返回的是数字 0
```

index()的功能是计算列表中第一次出现某元素的位置，返回的是一个整数。如果列表中不存

组合数据类型  第 5 章

在所查询的元素，则报错。例如如下代码。

```
>>> la=[1, 2, 3, 'a', 'b', 'c', 'me', 'python']
>>> la.index(3)                        #计算元素 3 在列表 la 中的位置
2
>>> la.index('qi')                     #如果不存在，就报错
Traceback (most recent call last):
  File"<stdin>", line 1, in <module>
ValueError: 'qi' is not in list
```

### 2. insert()、pop()和remove()的用法

insert(i,x)的功能是在列表的第 i 个元素位置插入一个新元素，将原来的第 i 个元素及其后面的元素依次向后移动一个位置。参数 i 必须是整数，表示索引值；索引值可以是正向递增序号，也可以是反向递减序号。例如如下代码。

```
>>> all=['me', 'get', 'io']
>>> all.insert(0, "python")            #在第 0 个位置插入新元素
>>> all
['python','me','get','io']
>>> all.insert(1, "http")              #在第 1 个位置插入新元素
>>> all
['python', 'http', 'me', 'get', 'io']
>>> all.insert(-4, "ftp")              #在第-4 个位置插入新元素
>>> all
['python', 'ftp', 'http', 'me', 'get', 'io']
```

对于 insert(i,x)，如果 i 值大于最大正向递增序号，则会自动将要插入的元素放到列表的尾部；如果 i 值小于最小反向递减序号，则会自动将要插入的元素放到列表的头部。例如如下代码。

```
>>> a=[1,2,3]
>>> a.insert(9,777)                    #在第 9 个位置插入新元素
>>> a
[1, 2, 3, 777]
>>> a.insert(-9,0)                     #在第-9 个位置插入新元素
>>> a
[0, 1, 2, 3, 777]
```

删除列表元素的方法有两种。remove(x)的功能是删除列表中的第 1 个元素 x。如果列表中没有元素 x，则会报错。在删除元素之前，应该先判断列表中是否有该元素。例如如下代码。

```
>>> all=['python', 'http', 'me', 'get', 'io', 'algorithm']
>>> all.remove("http")                 #删除元素 "http"
>>> all
['python', 'me', 'get', 'io', 'algorithm']
>>> if "python" in all:
    all.remove("python")
```

如果列表中有多个元素 x，则只删除第 1 个元素 x。例如如下代码。

```
>>> all=['python', 'http', 'python', 'get']
>>> all.remove("python")
>>> all
['http', 'python', 'get']
```

pop(i)的功能是删除列表中索引值为 i 的元素，并返回该元素。如果省略参数 i，则删除最后一个元素，并返回该元素。例如如下代码。

```
>>> all=['me', 'get', 'io', 'algorithm']
>>> all.pop()                    #删除最后一个元素，并且将该结果返回
'algorithm'
>>> all
['me', 'get', 'io']
>>> all.pop(1)                   #删除索引值为 1 的元素 "get"
'get'
```

### 3. append()和 extend()的用法

append(x)的功能是将某个元素 x 追加到已知的一个列表的尾部，同时列表元素个数加 1。例如如下代码。

```
>>> a=["good","python","I"]
>>> a.append("like")            #向 a 中添加元素"like"
>>> a
['good', 'python', 'I', 'like']
>>> a.append(100)               #向 a 中添加元素 100
>>> a
['good', 'python', 'I', 'like', 100]
```

ls.extend(lb)的功能是将列表 lb 的每一个元素按照顺序追加到列表 ls 中，也就是将一个列表追加到另外一个列表中，将两个列表合并，从而改变列表 ls。例如如下代码。

```
>>> la=[1, 2, 3]
>>> lb=['me', 'python']
>>> la.extend(lb)               #将列表 lb 追加到列表 la 中，lb 不改变，la 改变
>>> la
[1, 2, 3, 'me', 'python']
>>> lb
['me', 'python']
```

如果 extend(str)的参数是字符串，则将字符串的每个字符作为元素追加到列表中。例如如下代码。

```
>>> la=[1,2,3]
>>> la.extend("abc")            #将字符串追加到列表 la 中
>>> la
[1, 2, 3, 'a', 'b', 'c']
```

注意 append()与 extend()的区别，请看下面的例子。

```
>>> lst=[1,2,3]
>>> lst.append(["me","get"])    #将元素["me","get"]追加到列表 lst 中
>>> lst
[1, 2, 3, ['me', 'get']]
>>> len(lst)
4
>>> lst2=[1,2,3]
>>> lst2.extend(["me","get"])   #将元素"me"和"get"追加到列表 lst2 中
>>> lst2
[1, 2, 3, 'me', 'get']
>>> len(lst2)
5
```

#### 4. reverse()和sort()的用法

reverse()的功能是把列表中的所有元素倒序存放，没有返回值。sort()的功能是对列表的所有元素进行从小到大的排序，直接修改列表，也没有返回值。例如如下代码。

```
>>> a=[3,5,1,6]
>>> a.reverse()
>>> a
[6, 1, 5, 3]
>>> a.sort()
>>> a
[1, 3, 5, 6]
```

**例 5-6**　输入 10 个不同的数，按从小到大的顺序输出，并输出最大值、最小值和平均值。

【问题分析】

采用列表记录输入的 10 个不同数，应用列表类型的相关函数计算这 10 个数的最大值、最小值和平均值。

【问题解答】

```
#定义一个列表 data，用于保存输入的数
data=[]
#从键盘读取 10 个不同的数
num=0
while num<10:
    value=eval(input("请输入一个数："))
    if value in data:
        print("该数已经存在，请输入其他数！")
    else:
        data.append(value)
        num+=1
#对列表元素排序
data.sort()
#计算并输出列表元素的最大值、最小值和平均值
print(data)
print("最大值是：",max(data))
print("最小值是：",min(data))
print("平均值是：",sum(data)/len(data))
```

### 5.4 集合类型

集合类型与数学中集合的概念一致，是任意个元素的无序组合。集合是可变的，允许添加或移除元素。由于集合的元素是无序的，因此集合没有索引的概念，也不能切片。

例如如下代码。

```
>>> S={100,200,(666,25),"YES",458}
>>> print(S)
{100, 'YES', 200, 458, (666, 25)}
```

从上述内容可以看出，由于集合的元素是无序的，因此集合元素的输出顺序与定义顺序可能不一致。

### 5.4.1 集合的定义

集合有以下两种定义方式。

**1. 定义方式一**

变量=set(参数)

使用 set()函数定义一个集合。参数可以是字符串、元组、列表；如果不带参数，则返回一个空集合。例如如下代码。

```
>>> s1=set("pythonbook")
>>> s1
{'h', 'o', 'y', 'p', 'k', 'b', 'n', 't'}
```

以上代码拆解开字符串中的字符，形成了集合。需要注意的是，字符串 pythonbook 中有 3 个字母 o，但集合 s1 中只有一个元素"o"，这表明了集合中的元素不能重复。

```
>>> a=(1,2,3,3,2,1)
>>> s=set(a)                          #将元组转换为集合
>>> s
{1, 2, 3}
>>> s2=set([123, "face", "book", "book"])   #将列表转换为集合
>>> s2
{'face', 'book', 123}
```

以上代码分别定义了元组和列表，并使用 set()函数将元组和列表转换为集合。在定义集合的时候，如果定义了重复的元素，系统就会过滤掉重复的元素，仅留下不重复的元素。从集合 s2 可以看出，输出结果与开始定义中的元素的排列顺序不同，这说明集合中的元素是无序的。

**2. 定义方式二**

变量={元素 1,元素 2,元素 3}

用大括号将各个元素括起来，元素无顺序，至少包含一个元素。如果不包含任何元素，则会定义一个空集合。

集合元素的类型只能是固定数据类型，例如数值类型、字符串类型、布尔类型、元组类型。由于列表类型、字典类型、集合类型都是可变数据类型，因此不能用作集合的元素。例如如下代码。

```
>>> s3={"facebook", 123}              #通过"{}"直接创建集合
>>> s3
{123, 'facebook'}
```

在定义集合时，输入的元素可以重复。在输入元素之后，集合类型能够自动过滤掉重复元素。例如如下代码。

```
>>> t={100,"100",3.14,100,100}        #定义集合，有 3 个重复元素
>>> print(t)
{3.14, 100, '100'}                    #保存后的集合没有重复元素
```

集合不是序列类型，不能使用元素索引对集合元素进行修改。例如如下代码。

```
>>> s1=set(['q', 'i', 's', 'r', 'w'])
>>> s1[1]="I"                    #将索引值为1的元素修改为"I"，会报错
Traceback (most recent call last):
  File "<pyshell#69>", line 1, in <module>
    s1[1]="I"
TypeError: 'set' object does not support item assignment
```

### 5.4.2 集合的操作符

Python 提供了集合的操作符，其用法如表 5-5 所示，利用它们可以实现集合的并集、交集、差集和补集运算。

表 5-5　集合的操作符用法

| 操作符用法 | 描述 |
|---|---|
| S\|T | 返回一个新集合，其包括集合 S 和集合 T 的所有元素 |
| S & T | 返回一个新集合，其包括同时在集合 S 和集合 T 中的元素 |
| S - T | 返回一个新集合，其包括在集合 S 中但不在集合 T 中的元素 |
| S ^ T | 返回一个新集合，其包括集合 S 和集合 T 中非相同的元素 |

表 5-5 展示了集合类型的 4 种基本运算，分别是并集（|）运算、交集（&）运算、差集（-）运算、补集（^）运算，如图 5-3 所示。

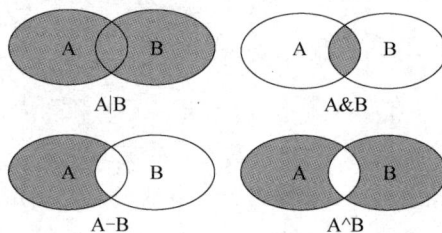

图 5-3　集合类型的 4 种基本运算

#### 1．集合的并集运算

使用"|"操作符可以实现两个集合的并集运算。集合 A 和集合 B 的并集运算结果是由集合 A 和集合 B 的所有元素构成的。将集合 A 中的元素和集合 B 中的元素放在一起，然后去除重复的元素就是并集运算的结果。例如如下代码。

```
>>> A={1, 3, 7}
>>> B={4, 6, 7, 8}
>>> A|B                          #两个集合的并集运算
{1, 3, 4, 6, 7, 8}
```

#### 2．集合的交集运算

使用"&"操作符可以实现两个集合的交集运算。集合 A 与集合 B 的交集运算结果是由既属于集合 A 又属于集合 B 的元素构成的，即由两个集合的公共元素构成。例如如下代码。

```
>>> A=set("hello")
>>> B=set("how are you")
>>> A&B                          #两个集合的交集运算
{'e', 'o', 'h'}
```

#### 3．集合的差集运算

使用"-"操作符可以实现两个集合的差集运算。集合 A 与集合 B 的差集运算结果是由属于集合 A 而不属于集合 B 的元素构成的，即由集合 A 中有而集合 B 中没有的元素构成。例如如下代码。

```
>>> A={"a","b","c","d","e"}
>>> B=set("about")
>>> A-B                                    #两个集合的差集运算
{'e', 'c', 'd'}
```

### 4．集合的补集运算

使用"^"操作符可以实现两个集合的补集运算。集合 A 与集合 B 的补集运算结果是由属于集合 A 或属于集合 B 但不能是两个集合共同拥有的元素构成的，即集合 A 和集合 B 的并集去除交集后的结果。例如如下代码。

```
>>> A={"a","b","c","d","e"}
>>> B=set("bird")
>>> A^B                                    #两个集合的补集运算
{'a', 'r', 'e', 'i', 'c'}
```

Python 提供了判断两个集合的关系的运算符用法，如表 5-6 所示。

表 5-6　判断两个集合的关系的运算符用法

| 运算符用法 | 描述 |
| --- | --- |
| A==B | 判断集合 A 是否等于集合 B |
| A<B | 判断集合 A 是不是集合 B 的子集 |

（1）判断集合 A 是否等于集合 B，即判断两个集合的元素是否完全一样。例如如下代码。

```
>>> a=set(['q', 'i', 's', 'r', 'w'])
>>> b=set(['a', 'q', 'i', 'l', 'o'])
>>> a==b                                   #判断集合 a 和集合 b 是否相等
False
```

（2）判断集合 A 是不是集合 B 的子集，判断集合 A 的元素是否都是集合 B 的元素，且集合 B 的元素数量比集合 A 的元素数量多。判断集合 A 是不是集合 B 的子集，如果是则返回 True，否则返回 False。例如如下代码。

```
>>> a=set(['q', 'i', 's', 'r', 'w'])
>>> c=set(['q', 'i'])
>>> c<a                                    #判断集合 c 是不是集合 a 的子集
True
```

## 5.4.3　集合的操作函数和操作方法

Python 提供了一些集合类型常用的操作函数和操作方法，如表 5-7 所示。

表 5-7　集合类型常用的操作函数和操作方法

| 操作函数和操作方法 | 描述 |
| --- | --- |
| s.add(x) | 添加操作，如果集合 s 不包含元素 x，则将元素 x 添加到集合 s 中 |
| s.remove(x) | 删除操作，从集合 s 中删除元素 x。如果集合 s 中不存在元素 x，将引发异常 |
| s.clear() | 清除操作，清除集合 s 中的所有元素 |
| len(s) | 返回集合 s 的元素个数 |
| x in s | 如果集合 s 包含元素 x，则返回 True，否则返回 False |
| x not in s | 如果集合 s 不包含元素 x，则返回 True，否则返回 False |

表 5-7 中的 add()、remove()、clear()是集合类型的操作方法。

例如如下代码。

```
>>> S=set("知之为知之不知为不知")
>>> print(S)
{'不', '知', '之', '为'}
>>> S.add("也")                    #添加元素 "也"
>>> print(S)
{'不', '知', '之', '为', '也'}
>>> len(S)
5
```

元素要么属于集合，要么不属于集合。

```
>>> aset=set(['h', 'o', 'n', 'p', 't', 'y'])
>>> "a" in aset                    #判断元素 "a" 与集合 aset 的关系
False
```

我们可以按照顺序对集合的每一个元素进行相同类型的操作，也就是对集合进行遍历操作，其语法格式如下。

```
for <循环变量> in <集合变量>:
    <语句块>
```

例如如下代码。

```
>>> t=0
>>> S={1,2,3,3,4,5,6}
>>> for i in S:                    #遍历集合 S
        t=t+i
>>> print("t=",t)
t= 21
```

对于集合的 s.remove(x)方法，一般情况下，在删除元素 x 之前需判断集合 s 是否含有元素 x。例如如下代码。

```
>>> x="知"
>>> S=set("知之为知之不知为不知")
>>> if x in S:
        S.remove(x)
```

**例 5-7**　输入 10 个数，消除重复的数后，按从小到大的顺序输出，并输出最大值、最小值和平均值。

【问题分析】

采用集合记录输入的 10 个数，然后将集合类型转换为列表类型，应用列表类型的相关函数进行排序并计算最大值、最小值和平均值。

【问题解答】

```
#定义一个集合 data, 用于保存输入的数
data=set()
#从键盘读取 10 个数，保存到集合中，自动消除重复数
num=0
```

```
while num<10:
    value=eval(input("请输入一个数: "))
    data.add(value)
    num+=1
#将集合类型转换为列表类型
datalist=list(data)
#对列表元素排序
datalist.sort()
#计算并输出列表元素的最大值、最小值和平均值
print(datalist)
print("最大值是: ",max(datalist))
print("最小值是: ",min(datalist))
print("平均值是: ",sum(datalist)/len(datalist))
```

## 5.5 字典类型

"键值对"是一种特殊的数据组织方式，其基本思想是将"值"关联到一个"键"，通过"键"查找对应的"值"。Python 提供了字典类型，用于定义键值对数据，将映射关系结构化，以便存储和表达。

### 5.5.1 字典类型概述

字典是"键–值"数据项的组合，每个字典元素都是一个键值对（key:value），元素之间是无序的，元素不能重复。

键（key）表示一个属性，也可以理解为用于区分某些值的一个关键索引。

值（value）表示属性的内容，它一般用于表达可重复的、不易区分的对象。

在 Python 中，键是唯一的，不能重复。值则对应于键，但可以重复。Python 中的字典可以通过大括号"{}"建立，其语法格式如下。

```
{<键 1>:<值 1>, <键 2>:<值 2>, … ,<键 n>:<值 n>}
```

其中，键和值通过冒号连接，不同键值对通过逗号隔开。例如如下代码。

```
>>> Dic={"中国":"北京","美国":"华盛顿","法国":"巴黎"}
>>> print(Dic)
{'中国': '北京', '美国': '华盛顿', '法国': '巴黎'}
>>> print(Dic["中国"])
北京
```

### 5.5.2 字典的定义

字典有以下多种定义方式。

#### 1. 定义方式一

```
字典变量={<键 1>:<值 1>,<键 2>:<值 2>, … ,<键 n>:<值 n>}
```

功能：创建一个字典。如果不含任何元素，则创建一个空字典。例如如下代码。

```
>>> mydict={}
>>> type(mydict)                    #查看变量 mydict 的数据类型
<class 'dict'>
>>> mydict
{}
>>> person={"name":"wang", "site":"computer", "language":"python"}
>>> person
{'name': 'wang', 'site': 'computer', 'language': 'python'}
```

### 2. 定义方式二

```
字典变量=dict()
```

功能：定义一个空字典。例如如下代码。

```
>>> d=dict()                        #定义字典
>>> type(d)                         #查看变量 d 的数据类型
<class 'dict'>
```

### 3. 定义方式三

利用元组构建字典，方法如下。

```
>>> name=(["first", "Google"], ["second", "Yahoo"])
>>> website=dict(name)              #定义字典
>>> website
{'first': 'Google', 'second': 'Yahoo'}
>>> type(website)                   #查看变量 website 的数据类型
<class 'dict'>
```

或者用以下方法构建字典。

```
>>> ad=dict(name="sir", age=42)#定义字典
>>> ad
{'name': 'sir', 'age': 42}
>>> type(ad)                        #查看变量 ad 的数据类型
<class 'dict'>
```

关于字典的定义，有以下几点需要注意。

- 不能有重复的键。
- 键必须是不可变数据类型，不能用列表、集合充当键。
- 值可以重复，且可以是任意类型。
- 一个键只对应一个值。

## 5.5.3  字典的索引

字典是以键值对的形式存储数据的，根据键就能得到值。由于字典元素"键值对"的键是值的索引，因此可以直接利用键值对关系索引元素。访问字典中键值对的语法格式如下。

```
<字典变量>[<键>]
```

例如如下代码。

```
>>> d={"1001":"安徽","1002":"江苏","1003":"浙江"}
```

```
>>> print(d["1001"])
安徽
>>> print(d["1001"]+"省")
安徽省
>>> city={"hefei":"0551", "wuhu":"0553", "beijing":"011", "shanghai":"012"}
>>> city["beijing"]
'011'
```

利用键和赋值符号"="可以添加元素到字典中，语法格式如下。

```
<字典变量>[<键>]=<值>
```

例如如下代码。

```
>>> d={"1001":"安徽","1002":"江苏","1003":"浙江"}
>>> #添加一个新元素
>>> d["1004"]="福建"
>>> print(d)
{'1001': '安徽', '1002': '江苏',"1003":"浙江", '1004': '福建'}
```

利用索引和赋值符号"="可以修改字典中某元素的值，但是不可以修改字典元素的键。修改字典元素的值的语法格式如下。

```
<字典变量>[<键>]=<值>
```

例如如下代码。

```
>>> d={"1001":"安徽","1002":"江苏","1003":"浙江"}
>>> #修改元素
>>> d["1003"]="福建"
>>> print(d)
{'1001': '安徽', '1002': '江苏', '1003': '福建'}
```

应用 in 或 not in 操作符可以判断字典是否包含某索引，如表5-8所示。

表5-8 字典的常用操作符用法

| 操作符用法 | 描述 |
|---|---|
| x in s | 如果字典 s 包含索引 x，则返回 True，否则返回 False |
| x not in s | 如果字典 s 不包含索引 x，则返回 True，否则返回 False |

例如如下代码。

```
>>> d2={1:"left",2:"right",3:"middle"}
>>> 1 in d2                    #判断字典 d2 中是否有索引 1
True
>>> 5 in d2                    #判断字典 d2 中是否有索引 5
False
>>> "left" in d2              #判断字典 d2 中是否有索引 "left"
False
```

我们可以对字典的每一个元素进行相同类型的操作，也就是对字典进行遍历操作。由于键值对的键相当于索引，因此 for 循环中的<循环变量>是字典的键。遍历字典的语法格式如下。

```
for <循环变量> in <字典变量>:
    <语句块>
```

例如如下代码。

```
>>> d={1:"left",2:"right",3:"middle"}
>>> for i in d:                    #对字典进行遍历操作
        print(i,"->",d[i])
1 -> left
2 -> right
3 -> middle
```

### 5.5.4  字典的操作函数

在 Python 中，字典有一些常用的操作函数，如表 5-9 所示。

表 5-9  字典的常用操作函数

| 操作函数 | 描述 |
|---|---|
| len(d) | 计算并返回字典 d 的元素个数，结果是整数 |
| max(d) | 计算并返回字典 d 中键的最大值，要求键可比较 |
| min(d) | 计算并返回字典 d 中键的最小值，要求键可比较 |
| dict() | 生成一个空字典 |

len()函数的使用示例如下。

```
>>> d={"1001":"安徽","1002":"江苏","1003":"浙江"}
>>> len(d)
3
```

函数 max()和 min()分别用于计算字典中键的最大值和最小值。这两个函数的使用前提是字典的键可比较。如果键的类型不同，则不可比较，这两个函数将会报错。例如如下代码。

```
>>> d={"1001":"安徽","1002":"江苏","1003":"浙江"}
>>> max(d)
'1003'
>>> d2={1:"left",2:"right",3:"middle"}
>>> max(d2)
3
```

dict()函数的功能是生成一个空字典，一般用于初始化字典变量。其语法格式如下。

```
<字典变量>=dict()
```

例如如下代码。

```
>>> ourclass=dict()                #定义空字典
>>> type(ourclass)                 #查看变量的类型
<class 'dict'>
>>> len(ourclass)                  #查看空字典的元素个数
0
```

### 5.5.5　字典的操作方法

字典还有一些特殊的操作方法，使用操作方法的语法格式如下。

```
<字典变量>.<方法名称>(<方法参数>)
```

字典的常用操作方法如表 5-10 所示。其中，d 表示字典变量。

**表 5-10　字典的常用操作方法**

| 操作方法 | 描述 |
| --- | --- |
| d.keys() | 返回字典 d 所有的键数据 |
| d.values() | 返回字典 d 所有的值数据 |
| d.items() | 返回字典 d 所有的键值对 |
| d.get(key,default) | 若键存在则返回相应值，否则返回默认值 |
| d.pop(key,default) | 若键存在则返回相应值，同时删除键值对，否则返回默认值 |
| d.popitem() | 随机从字典 d 中取出一个键值对，以元组(key,value)形式返回 |
| d.clear() | 删除字典 d 所有的键值对 |

keys()的功能是返回字典的全部键数据，其结果的数据类型是 Python 的一种内部数据类型 dict_keys，我们可以将结果转换为列表再输出。例如如下代码。

```
>>> d={1:"left",2:"right",3:"middle"}        #定义字典
>>> d.keys()                                 #返回字典的全部键数据
dict_keys([1, 2, 3])
>>> type(d.keys())
<class 'dict_keys'>
>>> s=list(d.keys())                         #将键数据转换为列表
>>> print(s)
[1, 2, 3]
>>> type(s)
<class 'list'>
```

values()的功能是返回字典的全部值数据，其结果的数据类型是 Python 的一种内部数据类型 dict_values，我们可以将结果转换为列表再输出。例如如下代码。

```
>>> d={1:"left",2:"right",3:"middle"}        #定义字典
>>> d.values()                               #返回字典的全部值数据
dict_values(['left', 'right', 'middle'])
>>> type(d.values())
<class 'dict_values'>
>>> t=list(d.values())                       #将值数据转换为列表
>>> print(t)
['left', 'right', 'middle']
>>> type(t)
<class 'list'>
```

items()的功能是返回字典的全部键值对数据，其结果的数据类型是 Python 的一种内部数据类型 dict_items，我们可以将结果转换为列表再输出，此时键值对以元组形式表示。例如如下代码。

```
>>> d={1:"left",2:"right",3:"middle"}          #定义字典
>>> d.items()                                  #返回字典的全部键值对数据
dict_items([(1, 'left'), (2, 'right'), (3, 'middle')])
>>> list(d.items())                            #将键值对数据转换为列表
[(1, 'left'), (2, 'right'), (3, 'middle')]
```

get(key,default)的功能是根据键 key 查找对应的值，如果不存在键 key，则返回默认值（default）。参数 default 可以省略。如果省略参数 default，则默认值为空。例如如下代码。

```
>>> d={1:"left",2:"right",3:"middle"}          #定义字典
>>> d.get(1)                                   #查找键 1 对应的值
'left'
>>> d.get(4,"none")                            #查找键 4 对应的值
'none'
>>> print("2->",d.get(2))
2-> right
```

pop(key,default)的功能是根据键 key 查找对应的值，并且从字典中删除该键值对，如果不存在键 key，则返回默认值（default）。参数 default 可以省略。如果省略参数 default，则默认值为空。例如如下代码。

```
>>> d={1:"left",2:"right",3:"middle"}          #定义字典
>>> d.pop(3)                                   #查找键 3 对应的值
'middle'
>>> print(d)
{1: 'left', 2: 'right'}
```

popitem()的功能是随机从字典中取出一个键值对，以元组(key,value)形式返回，并且从字典中删除该键值对。例如如下代码。

```
>>> d={1:"left",2:"right",3:"middle"}          #定义字典
>>> d.popitem()                                #随机取出一个键值对
(3, 'middle')
>>> d
{1: 'left', 2: 'right'}
```

clear()的功能是删除字典中的所有键值对。例如如下代码。

```
>>> d={1:"left",2:"right",3:"middle"}
>>> d.clear()
```

## 5.6 实例解析：文本词频统计

在许多情况下，我们会遇到"词频统计"的问题。下面给定一篇英文文章，要求统计其中的英文单词及各个单词出现的次数，并按照次数降序排列英文单词。

【问题分析】

英文词频统计的第一步是整理单词。由于同一个单词会存在大小写问题，难免对计数产生影响，因此这里将大写字母转换为小写字母。其次，英文语句中单词的分隔符可能是空格、标点符

号、特殊符号等，因此在分隔单词时需要统一单词分隔符。一般的处理方法是将标点符号等转换为空格，统一使用空格分隔英文单词。接下来，返回列表数据，每个单词就是该列表的一个元素。最后使用列表、字典等数据类型的操作函数或操作符实现词频统计。

【问题解答】

```
#获取英文文章原语句，存放到变量 txt 中
>>>txt='''
Our school is very beautiful. There are five tall buildings in our school. For the first
building, the library is on the second floor. There are many books in the library. The computer
rooms are on the third floor. The music rooms are on the third floor.
'''
#因为文本是英文的，大小写不同的单词会被看作不同的单词，所以先将大写字母转换为小写字母
>>>txt=txt.lower()
#将特殊字符替换为空格
>>>for ch in '!"@#$%&()[]{}+-*/,.:;><=?\n':
        txt=txt.replace(ch," ")
#使用空格分隔单词，返回由单词组成的列表
>>>ls=txt.split()
#定义一个空字典，键是各个单词，值是该单词出现的次数
>>>dic={}
#利用字典进行处理。列表中的每一个单词如果出现在字典的键中，则将其出现次数加 1
#如果没有出现在字典的键中，则将该单词添加到字典中
>>>for word in ls:
        if word not in dic:
            dic[word]=1
        else:
            dic[word]=dic[word]+1
#查看单词及其出现次数的情况
>>>print(dic)
{'our': 2, 'school': 2, 'is': 2, 'very': 1, 'beautiful': 1, 'there': 2, 'are': 4, 'five':
1, 'tall': 1, 'buildings': 1, 'in': 2, 'for': 1, 'the': 8, 'first': 1, 'building': 1, 'library':
2, 'on': 3, 'second': 1, 'floor': 3, 'many': 1, 'books': 1, 'computer': 1, 'rooms': 2, 'third':
2, 'music': 1}
#将字典转换为列表，使用列表的 sort() 函数按照单词的出现次数降序排列
>>>lst=list(dic.items())
#查看列表 lst 的值
>>>print(lst)
[('our', 2), ('school', 2), ('is', 2), ('very', 1), ('beautiful', 1), ('there', 2), ('are',
4), ('five', 1), ('tall', 1), ('buildings', 1), ('in', 2), ('for', 1), ('the', 8), ('first',
1), ('building', 1), ('library', 2), ('on', 3), ('second', 1), ('floor', 3), ('many', 1),
('books', 1), ('computer', 1), ('rooms', 2), ('third', 2), ('music', 1)]
#以第 2 列降序排列
>>>lst.sort(key=lambda x:x[1], reverse=True)
#输出各个单词及其出现次数
>>>for item in lst:
        word, count=item
        print("{0:<10}{1:>5}".format(word, count))
the            8
are            4
on             3
floor          3
our            2
```

```
school      2
is          2
there       2
in          2
library     2
rooms       2
third       2
very        1
beautiful   1
five        1
tall        1
buildings   1
for         1
first       1
building    1
second      1
many        1
books       1
computer    1
music       1
#也可以输出前 5 项数据
>>>for i in range(5):
        word, count=lst[i]
        print("{0:<10}{1:>5}".format(word, count))
the         8
are         4
on          3
floor       3
our         2
```

# 本章小结

　　本章讲解了组合数据类型的基本概念，分别阐述了元组类型、列表类型、集合类型和字典类型的定义、操作符、操作函数和操作方法等，且列举了一些示例。组合数据类型之间可以互相转换，某些操作函数或操作方法对参数有特定要求，都可以应用在数据处理过程中。本章还讲解了如何应用组合数据类型解决实际问题。

# 扩展阅读

　　字典是 Python 的一种可变、无序数据结构，其元素以键值对的形式存在，键唯一，我们可根据键直接访问对应的值，且搜索速度很快。

　　Python 字典的底层实现是散列（Hash）表。什么是散列表？简单来说，散列表就是一张带索引和存储空间的表。对于任意对象，通过散列索引的计算公式，可将该对象映射为某个表索引，也就是将键映射到表中的某个位置，然后在该索引所对应的位置进行变量的存储、读取等操作。

　　散列算法使用散列函数 index=H(key)，根据 key 的值计算出存储地址的位置，可以将一个数据转换为一个标志，这个标志与源数据有十分紧密的关系。散列表是基于散列函数建立的一种查找表。散列算法还具有一个特点，就是很难找到逆向规律。

假设关键字为 $k$，则其值存放在 $H(k)$ 的存储位置，结果是不需要比较便可直接取得所查记录，这个对应关系 $H$ 称为散列函数。不同的关键字可能会得到同一散列地址，即 $k1 \neq k2$，而 $H(k1)=H(k2)$，这种现象称为散列冲突。有多种方法可以解决散列冲突。

使用直接定址法可以解决散列冲突。取关键字或关键字的某个线性函数值为散列地址，即 $H(key)=key$ 或 $H(key)=a \times key+b$，其中 $a$ 和 $b$ 为常数。由于直接定址所得地址集合和关键字集合的大小相同，因此不同的关键字不会发生散列冲突。

# 本章习题

**一、选择题**

1. 元组类型数据属于（　　）。
   A. 字符串类型　　　　B. 序列类型　　　　C. 列表类型　　　　D. 映射类型

2. 序列类型不具有的特点是（　　）。
   A. 元素之间有序　　　　　　　　　　B. 相同数值可以出现多次
   C. 元素个数可以是 0 个　　　　　　　D. 元素之间不存在先后关系

3. 假设 s 表示某个序列类型数据，则 len(s) 的含义是（　　）。
   A. 计算序列 s 的元素个数（长度）　　B. 计算序列 s 的第 1 个元素的长度
   C. 计算序列 s 的字符个数　　　　　　D. 计算序列 s 的字节数量

4. 假设 s 表示某个序列类型数据，则 s.count(x) 的含义是（　　）。
   A. 计算序列 s 中出现 x 的总次数　　　B. 计算序列 s 中 "x" 字符的个数
   C. 计算序列 s 的字符个数　　　　　　D. 计算序列 s 的字节数量

5. 已知 creature=("cat", "dog", "tiger", "human")，则 creature[2] 的值是（　　）。
   A. cat　　　　　　B. dog　　　　　　C. tiger　　　　　　D. human

6. 已知 creature=("cat", "dog", "tiger", "human")，则表达式 "dog" in creature 的值是（　　）。
   A. False　　　　　B. True　　　　　C. false　　　　　D. true

7. 已知 creature=("cat", "dog", "tiger", "human")，则表达式 len(creature) 的值是（　　）。
   A. 1　　　　　　　B. 2　　　　　　　C. 3　　　　　　　D. 4

8. 已知 creature=("cat","dog","tiger","human")，则表达式 creature.index("human") 的值是（　　）。
   A. 1　　　　　　　B. 2　　　　　　　C. 3　　　　　　　D. 4

9. 已知 S={1010, "1010", 78.9}，则 S 的类型是（　　）。
   A. 字符串类型　　B. 集合类型　　　　C. 列表类型　　　　D. 映射类型

10. 已知 S={1010,"1010",78.9}、T={1010,"1010",12.3,1010,1010}，则表达式 S^T 的值是（　　）。
    A. {12.3}　　　　　　　　　　　　　B. {1010, '1010'}
    C. {78.9, 12.3}　　　　　　　　　　D. {78.9, 1010, 12.3, '1010'}

11. 假设列表对象 aList 的值为 [3, 4, 5, 6, 7, 9, 11, 13, 15, 17]，那么切片 aList[3:7] 得到的值是（　　）。
    A. [5,6, 7, 9, 11]　　B. [6, 7, 9, 11]　　C. [7, 9, 11]　　D. [6, 7, 9]

12. 假设有列表 a=['name','age','home','idcard']，则 a[1]表示的元素是（　　　）。

    A. 'name'             B. 'age'             C. 'home'            D. 'idcard'

13. 假设有列表 x=[100,'100',[100],"100"]，则 x[2]表示的元素是（　　　）。

    A. 100                B. '100'             C. [100]             D. "100"

14. 表达式 list(range(5))表示的值是（　　　）。

    A. [0,1,2,3,4]        B. (0,1,2,3,4)        C. {0,1,2,3,4}        D. ([0,1,2,3,4])

15. 已知 vlist=list(range(5))，则表达式 3 in vlist 的值是（　　　）。

    A. False           B. True             C. False            D. True

16. 已知 vlist=list(range(5))，则执行语句 vlist[3]="python"之后，vlist 的值是（　　　）。

    A. [0, 1, 2, 'python', 4]                    B. 0, 1, 2, 'python', 4

    C. [0, 1, 2, 'python']                       D. 0, 1, 2, 'python'

17. 已知 vlist=[0, 'bit', 'computer','python',4]，则执行语句 vlist[1:3]=["new_bit","new_computer", 123]之后，vlist 的值是（　　　）。

    A. [0, 'new_bit', 'new_computer', 123, 'python', 4]

    B. [0, 'new_bit', 'new_computer', 123, 4]

    C. [0, 'new_bit', 'new_computer', 'python', 4]

    D. 0, 'new_bit', 'new_computer', 123, 'python', 4

18. 已知 lt=["1010", "10.10", "Python"]，则执行语句 lt.append(1010)之后，lt 的值是（　　　）。

    A. 1010', '10.10', 'Python', 1010            B. ['1010', '10.10', 'Python', 1010]

    C. ['1010', '10.10', 'Python']                 D. ['10.10', 'Python', 1010]

19. 已知 lt=["1010", "10.10", "Python"]，则执行语句 lt.append([1010])之后，lt 的值是（　　　）。

    A. 1010', '10.10', 'Python', [1010]          B. ['1010', '10.10', 'Python', 1010]

    C. ['1010', '10.10', 'Python', [1010]]         D. [['1010', '10.10', 'Python', 1010]]

20. 已知 lt=["1010", "10.10", "Python"]，则表达式 lt.reverse()的值是（　　　）。

    A. ['Python', '10.10', '1010']              B. Python', '10.10', '1010'

    C. ['Python'],[ '10.10'],[ '1010']           D. ('Python', '10.10', '1010')

## 二、编程题

1. 编写程序，在由 26 个小写字母和 1～9 这 9 个数字组成的列表中随机生成 10 个 8 位密码。

2. 获取用户输入的一个整数 $N$，输出 $N$ 中出现的不同数字的和。例如，若用户输入 123123123，则出现的不同数字为 1、2、3，这几个数字的和为 6。

3. 生成 10 个在[1,1000]内的随机数，并将它们升序排列。

4. 统计单词出现的次数。例如，用户输入以下英文句子，单词之间以空格为分隔符，输出每个单词及其出现的次数。

输入：hello java hello python

输出：hello     2

        java      1

        python   1

5. 文本词频统计，输出出现次数前 10 的单词。这里所用的英文文本如下。

A double-deck suspension bridge with the longest span in the world opened to traffic in Wuhan, capital of central China's Hubei Province, on Tuesday.The first double-deck road bridge over the Yangtze River, with a 1,700-meter-long main span, stretches 4.13 km in total length.The top deck of the 10th Yangtze River bridge has six lanes with a designed speed of 80 kph while the bottom deck also has six lanes but with a designed speed of 60 kph.On the top deck there are also two sightseeing sidewalks and on the bottom deck there are two cycle ways together with two sidewalks.

# 第**6**章 文件和数据格式化

各种类型的数据在计算机中都是以文件形式存储的。为了方便应用程序调用数据，我们需要用专门的命令管理数据文件。本章将主要讲解在 Python 中如何管理数据文件及数据的存储格式。

学习目标：

（1）了解文件的两种类型；

（2）掌握文件的打开和关闭方法；

（3）掌握文件的读写方法；

（4）了解数据的维度及其特点；

（5）掌握数据的存储格式和读写方法；

（6）掌握文件的综合运用。

## 6.1 文件概述

文件是存储在外部存储介质中的相关数据的集合，用文件名标识。利用文件长期保存相关数据，便于数据的重复使用和共享。计算机中各种类型的数据都是以文件形式存储的，例如文档、图片、视频、音频等，应用程序要运用数据都需要调用相应的数据文件，因此在应用程序中需要用专门的命令管理数据文件。

计算机中文件按数据的组织形式分成以下两类。

### 1．文本文件

文本文件由单一特定编码的字符组成，存储的是常规字符串，能用文本编辑器或其他文字处理软件展示与编辑，便于阅读和修改，多段文本字符串通常用"\n"分段。文本文件的扩展名为.txt。

### 2．二进制文件

二进制文件由 0、1 二进制代码组成，没有统一字符编码，无法用文本编辑器或其他文字处理软件直接展示与编辑。例如，扩展名为.mp4 的音频文件、扩展名为.jpg 的图片文件及扩展名为.exe 的可执行文件都是二进制文件。二进制文件与文本文件最主要的区别是二进制文件没有统一字符编码，按字节组成数据。

## 6.2 文件的操作

在 Python 程序中使用文件，不管是二进制文件还是文本文件，都是先创建文件或打开已有文件，然后通过 Python 中专门的文件操作命令对文件进行读写或其他操作，操作完毕，保存并关闭文件。注意，关闭文件这一步不能省略，否则可能出错。

### 6.2.1 打开文件

使用存储设备中的文件前需要先将其打开，以使当前程序有权操作这个文件。如果待打开的文件不存在，则系统会自动创建一个文件。

使用 open() 函数可打开文件，该函数的语法格式如下。

```
变量名=open(文件名[,模式字符, encoding=参数])
```

open() 函数中必须有文件名，用于指定打开的文件。该文件名通常为包含路径的文件全名，如果省略路径，则文件默认与使用该文件的 Python 程序在相同的路径下。例如，在程序中使用 D 盘 "练习" 文件夹下的 test.txt 文件中的数据，打开文件的代码如下。

```
f=open('D:\\练习\\test.txt','r')
```

其中，"D:\\练习\\test.txt" 是文件的全名，"\\" 是转义字符，相当于 "\"；"r" 是模式字符，表示只读，即打开该文件的目的是从文件中读取数据供程序使用，不能向文件写入数据；用变量 f 指向打开的文件。

open() 函数通过模式字符设置打开文件的操作方式，常用的模式字符如表 6-1 所示。

表 6-1　常用的模式字符

| 模式字符 | 含义 |
| --- | --- |
| 'r'或'rt' | 以只读模式打开文本文件。如果文件不存在，则出错 |
| 'rb' | 以只读模式打开二进制文件。如果文件不存在，则出错 |
| 'w'或'wt' | 以只写模式打开文本文件。如果文件存在，则覆盖写；如果文件不存在，则创建写 |
| 'wb' | 以只写模式打开二进制文件。如果文件存在，则覆盖写；如果文件不存在，则创建写 |
| 'a'或'at' | 以追加写模式打开文本文件。如果文件存在，则追加写；如果文件不存在，则创建写 |
| 'ab' | 以追加写模式打开二进制文件。如果文件存在，则追加写；如果文件不存在，则创建写 |
| '+' | 与'r'、'w'或'a'连用可增加读写功能，如'r+'表示打开文件能读写 |

**例 6-1**　在程序中将数据保存到 D 盘 "练习" 文件夹中，文件名为 test1.txt。

【问题分析】

要在程序中把数据保存到文件中，先要打开文件，使用'w'打开文件，打开时必须指定保存文件的路径，打开文件的代码如下。

```
f=open('D:\\练习\\test1.txt','w')
```

【问题解答】

这种打开模式只能写入数据，不能从文件中读取数据。如果 D 盘 "练习" 文件夹中有 test1.txt 文件，则系统打开该文件，后期写入的数据会覆盖原文件的数据；如果文件不存在，则在 D 盘 "练习" 文件夹中创建名为 test1.txt 的文本文件，后期写入数据到此文件中。

**例 6-2** 在程序中将数据保存到 D 盘"练习"文件夹中，文件名为 test2.txt。

【问题分析】

要在程序中把数据保存到文件中，也可以使用'a'打开文件，打开文件的代码如下。

```
f=open('D:\\练习\\test2.txt','a')
```

【问题解答】

这种打开模式是追加写，不能从文件中读取数据。如果 D 盘"练习"文件夹中有 test2.txt 文件，则系统打开该文件，后期写入的数据会保存到原文件数据末尾；如果文件不存在，则在 D 盘"练习"文件夹中创建名为 test2.txt 的文本文件，后期写入数据到此文件中。

**例 6-3** 在程序中打开名为 picture.png 的图片文件并使用。

【问题分析】

要求打开的是图片文件，由于图片文件是二进制文件，因此打开文件的代码如下。

```
f=open('picture.png','rb')
```

【问题解答】

打开的 picture.png 文件没有指定路径，默认与此命令所在的 Python 程序保存在同一路径下；如果 Python 程序文件的当前路径下没有保存 picture.png 文件，则打开出错。因为图片文件是二进制文件，所以打开模式加'b'，'r'表示以只读模式打开文件。

参数'+'与'r'、'w'或'a'连用可增加读写功能。例如使用'r+'打开 test3.txt 文本文件，读取文件中的数据，并对数据进行修改，将修改后的数据保存到原文件中。

打开文件的代码如下。

```
f=open('D:\\练习\\test3.txt','r+')
```

open()函数中的[encoding=参数]是可选项，用于指定打开文件的编码格式，若省略则采用系统默认的编码格式，一般是 GBK 编码格式。打开文件的编码格式要与文件的编码格式吻合，否则会出错。例如，test.txt 文件的编码格式是 UTF-8，打开文件的代码如下。

```
f=open('test.txt','r',encoding='UTF-8')
```

如果采用下列方式打开，则系统会提示打开出错。

```
f=open('test.txt','r',encoding='GBK')
```

同样，用写模式打开文件，打开时 encoding 参数设置的编码格式要与文件的编码格式相同。常用的中文编码格式有 UTF-8、UTF-16 和 GBK。

### 6.2.2 读写文件

打开文件后，根据不同打开模式对文件进行相应的读写操作。常用的文件读写函数如表 6-2 所示。

**表 6-2 常用的文件读写函数**

| 函数 | 功能 |
| --- | --- |
| read([n]) | 从文件中读取所有数据，返回字符串。参数 n 是整数，[n]表示 n 可选，如果设置了参数 n，则读取 n 个字符（文本文件）或字节数据（二进制文件） |

| 函数 | 功能 |
|---|---|
| readline() | 从文本文件中读取一行数据，返回字符串 |
| readlines([n]) | 从文件中读取所有行数据，返回列表，每行数据构成列表中一个元素。参数 n 是整数，[n]表示 n 可选，如果设置了参数 n，则读取 n 行数据构成列表 |
| write(s) | 参数 s 是字符串或二进制流，该函数的功能是把 s 写入文件中 |
| writelines(s) | 参数 s 是列表，该函数的功能是把 s 中的每个元素依次写入文件中，不自动添加换行符 |
| seek() | 将文件指针移到新位置 |

**例 6-4**  假设 D 盘"练习"文件夹下的 test.txt 文件包含如下内容，读取该文件中的内容并输出。

静夜思

李白

床前明月光，疑是地上霜。

举头望明月，低头思故乡。

【问题分析】

按要求从数据文件中读取内容，以只读模式打开文件，可以直接输出读取的内容，即 print(f.read())，也可以将其保存到变量中再输出，程序如下。

```
f=open('D:\\练习\\test.txt','r')
s=f.read()
print(s)
f.close()
```

【问题解答】

程序用只读模式打开 D 盘"练习"文件夹中的 test.txt 文件，变量 f 指向打开的文件，通过 f.read() 读取文件中的所有字符，读取的字符串中可以包含换行符。运行结果如下。

```
静夜思
李白
床前明月光，疑是地上霜。
举头望明月，低头思故乡。
```

**例 6-5**  依次读取 test.txt 文件中的每行内容，并输出。

【问题分析】

read()一次性读取文件中的所有内容，不符合题意，这里需要通过循环来依次读取每行内容，程序如下。

```
f=open('D:\\练习\\test.txt','r')
for line in f:
  print(line)
f.close()
```

【问题解答】

程序用只读模式打开 D 盘"练习"文件夹中的 test.txt 文件，变量 f 指向打开的文件，遍历循环变量 line 依次读取文件中的每行内容（包括换行符）。运行结果如下。

静夜思

李白

床前明月光，疑是地上霜。

举头望明月，低头思故乡。

由于使用 print() 函数输出内容会有换行符，再加上每行字符串后面的换行符，因此运行结果中每行数据后面有空行。

**例 6-6**　读取 test.txt 文件中的所有内容，去掉空格和换行符组成一个字符串并输出。

【问题分析】

使用 read() 可以读取文件中的所有内容并保存为一个长的字符串，但其中隐含了换行符，按题目要求还需要去掉空格和换行符，所以最快捷的方式是使用 readlines() 读取，程序如下。

```
f=open('D:\\练习\\test.txt','r')
ls=f.readlines()
print(ls)
s=''
for l in ls:
    s=s+l.strip('\n ')
print(s)
f.close()
```

【问题解答】

程序用只读模式打开 test.txt 文件，通过 ls=f.readlines() 语句读取文件中的所有内容并生成一个列表 ls，列表中的每个元素对应文件中的一行内容，然后通过遍历循环对列表中的每个元素去掉前导和末尾空格及换行符组成完整的字符串。运行结果如下。

```
['静夜思\n', '李白 \n', '床前明月光，疑是地上霜。\n', '举头望明月，低头思故乡。\n']
静夜思李白床前明月光，疑是地上霜。举头望明月，低头思故乡。
```

**例 6-7**　把"我爱 Python 程序设计语言"写入 D 盘"练习"文件夹中，文件名为 test1.txt。

【问题分析】

要将内容保存到文件中，可以采用覆盖写模式打开文件，程序如下。

```
f=open('D:\\练习\\test1.txt','w')
f.write('我爱 Python 程序设计语言')
f.close()
```

【问题解答】

程序用覆盖写模式打开 test1.txt 文件，如果 D 盘"练习"文件夹下没有 test1.txt 文件，则会先创建 test1.txt 文件，然后把"我爱 Python 程序设计语言"写入该文件中；如果已经有这个文件，则原文件内容会被"我爱 Python 程序设计语言"覆盖。

**例 6-8**　将列表 ls=['学号 ',' 姓名 ',' 入学成绩'] 中的元素写入 D 盘"练习"文件夹中，文件名为 test2.txt。

【问题分析】

要把列表中的元素写入文件中，可以使用 writelines()函数，写入的是一个长字符串，程序如下。

```
f=open('D:\\练习\\test2.txt','w')
ls=['学号 ',' 姓名 ',' 入学成绩']
f.writelines(ls)
f.close()
```

【问题解答】

程序用 writelines()函数把列表中的元素写入文件中，系统自动把列表中每个元素作为字符串写入文件中，元素之间不会自动添加换行符。test2.txt 文件的内容如下。

学号　姓名　入学成绩

seek()函数用于控制文件的读写位置。打开文件后，默认从文件的开始位置按顺序读写文件中的数据，而在实际使用文件的过程中往往需要指定文件的读写位置，此时就要用到 seek()函数。执行 f.seek(0)后，文件的读写操作从文件开始位置算起；执行 f.seek(2)后，文件的读写操作从文件末尾位置算起。例如，用'r'模式打开已有文件，通过 read()读取文件中的所有数据，操作到文件末尾，如果再用 read()则读不出数据；此时想要重复读取文件中的数据，可通过 f.seek(0)回到文件开始位置，再用 read()读取文件中的所有数据。

**例 6-9**　用'a+'模式打开 test2.txt 文件，在文件末尾添加一行数据"2100101 张华 564"，然后分行输出 test2.txt 文件中的内容。

【问题分析】

程序如下。

```
f=open('D:\\练习\\test2.txt','a+')
ls=['\n2100101',' 张华 ','564']
f.writelines(ls)
ls=f.readlines()
s=''
for l in ls:
     s=s+l
print(s)
f.close()
```

程序运行结果是空数据。因为这里虽然使用'a+'模式打开文件，但写操作完成后，文件已经操作到末尾，此时读不出任何数据，所以输出空数据。要从文件头开始读数据，必须在写操作后面加一条 f.seek(0)语句，以保证回到文件开始位置，然后开始读数据。

【问题解答】

程序修改如下。

```
f=open('D:\\练习\\test2.txt','a+')
ls=['\n2100101',' 张华 ','564']
f.writelines(ls)
f.seek(0)
ls=f.readlines()
s=''
for l in ls:
```

```
    s=s+1
print(s)
f.close()
```

运行结果如下。

```
学号   姓名   入学成绩
2100101 张华 564
```

操作前用 open()函数打开文件，操作结束后必须用 close()函数关闭文件。开发者应该养成良好的编程习惯。打开一个文件，对文件进行各种操作，操作结束后一定要关闭此文件，否则文件不能正常使用。用'w'模式打开文件，程序在文件中写入数据，但如果没有关闭文件，那么最后文件中不会保存任何数据；用'r'模式打开文件，如果最后没有关闭文件，虽然不会影响文件中原有的数据，但文件始终处于占用状态，其他程序不能操作此文件。

### 6.2.3　关闭文件

在 Python 中，可通过 close()函数关闭打开的文件，函数格式如下。

```
变量名.close()
```

其中，"变量名"是打开文件时指定的变量名。文件关闭后，后期再对文件进行读写会报错，提示找不到文件；如果想继续操作文件，则需要重新打开文件。

例如例 6-9 的程序改为写入数据后关闭文件，再用 f.readlines()从文件中读数据，此时程序会报错。

```
f=open('D:\\练习\\test2.txt','a+')
ls=['\n2100101',' 张华 ','564']
f.writelines(ls)
f.close()
ls=f.readlines()
s=''
for l in ls:
    s=s+l
print(s)
```

报错信息如下。可以看到，报错信息显示已经关闭了f指向的文件，不能对已经关闭的文件进行操作。

```
Traceback (most recent call last):
  File "D:\练习\6-9.py", line 5, in <module>
    f.seek(0)
ValueError: I/O operation on closed file.
```

## 6.3　数据的维度和数据格式化

### 6.3.1　数据的维度

利用计算机处理数据时，为了提高处理数据的效率，应该按一定的格式组织数据。按数据的组织格式形成数据的维度，可以表明数据之间的逻辑关系。根据数据之间的关系，数据可分为一维数据、二维数据和高维（多维）数据。

### 1．一维数据

一维数据由一些具有对等关系的有序或无序数据构成，采用线性方式组织，类似于数学中的数组和集合。例如，某班选出 5 名三好学生（张华、李林、王晓梅、张润、刘玲玲），这些三好学生的姓名放在一起就是一维数据，每个人都是学生，关系对等。数据之间可以采用顿号分隔，也可以采用逗号等其他符号分隔。从逻辑关系来看，一维数据具有线性特点。

### 2．二维数据

二维数据由多行数据组成，每行数据又有多列。由相互之间有关联关系的数据构成的表格类似于数学中的矩阵，显然一般的表格都属于二维数据。例如，某班 5 名三好学生的基本信息就构成一个表格（二维数据），如表 6-3 所示。其中，表头部分（第一行）可以看作二维数据的一行数据，也可以看作数据的说明。其他每行记录一名学生的信息，每名学生的信息有多列，显然每行也是由对等的一维数据构成的，因此二维数据可以看成特殊的一维数据，这种一维数据中的每个数据本身也是一维数据。

表 6-3　三好学生信息表

| 姓名 | 性别 | 出生年月 | 综合分 | 特长 | 最高奖项 |
|------|------|----------|--------|------|----------|
| 张华 | 男 | 2001.4 | 92.4 | 游泳、打篮球 | 优秀班长 |
| 李林 | 男 | 2000.11 | 93.2 | 短跑 | 校数学竞赛一等奖 |
| 王晓梅 | 女 | 2001.6 | 91.5 | 舞蹈 | 校舞蹈比赛一等奖 |
| 张润 | 男 | 2001.10 | 92.6 | 踢足球 | 英语演讲一等奖 |
| 刘玲玲 | 女 | 2001.3 | 93.7 | 羽毛球 | 羽毛球比赛第一名 |

### 3．高维数据

所有二维以上的数据都称为高维数据，也叫作多维数据。高维数据由键值对类型的数据构成，采用对象方式组织，属于整合度较好的数据组织方式。例如，分学年保存某班三好学生信息，使用 4 张表保存 4 个学年的三好学生信息，此时添加了一个学年维度，构成三维数据；如果是全校各系每个学年的三好学生信息，则构成四维数据，添加了系这个数据维度。高维数据在网络系统中十分常用，HTML、XML、JSON 等使用的都是以高维数据组织的语法结构。高维数据通常采用 JSON 字符串表示，例如分学年保存某班三好学生信息可采用 JSON 格式描述。下面给出这种高维数据的表示形式，其中，"每个学年"和后续内容通过冒号形成一个键值对，每个后续内容中"姓名""性别""出生年月""综合分""特长""最高奖项"分别与相应的内容形成键值对，内容按照层级采用逗号和大括号组织。相比一维数据和二维数据，高维数据能表达更加灵活和复杂的数据关系。

```
{
 '第一学年'：[
   {'姓名'：'张华'，'性别'：'男'，'出生年月'：'2001.4'，'综合分'：92.4，'特长'：'游泳、打篮球'，
   '最高奖项'：'优秀班长'}，
   {'姓名'：'李林'，'性别'：'男'，'出生年月'：'2000.11'，'综合分'：93.2，'特长'：'短跑'，'最高
   奖项'：'校数学竞赛一等奖'}，
   {'姓名'：'王晓梅'，'性别'：'女'，'出生年月'：'2001.6'，'综合分'：91.5，'特长'：'舞蹈'，
```

        '最高奖项': '校舞蹈比赛一等奖'},

        {'姓名': '张润', '性别': '男', '出生年月': '2001.10', '综合分':92.6, '特长': '踢足球',
        '最高奖项': '英语演讲一等奖'},

        {'姓名': '刘玲玲', '性别':'女', '出生年月': '2001.3', '综合分':93.7, '特长': '羽毛球',
        '最高奖项': '羽毛球比赛第一名'}    ],

    '第二学年': [
        {'姓名': '周智', '性别': '男', '出生年月': '2002.4', '综合分':93.4, '特长': '打篮球',
        '最高奖项': '一等奖学金'},

        {'姓名': '魏林', '性别': '男', '出生年月': '2001.5', '综合分':93.1, '特长': '下棋', '最高奖
        项': '校数学竞赛二等奖'},

        {'姓名': '王晓梅', '性别':'女', '出生年月': '2001.6', '综合分':92.5, '特长': '舞蹈',
        '最高奖项': '校舞蹈比赛二等奖'},

        {'姓名': '赵涵', '性别':'女', '出生年月': '2001.2', '综合分':92.4, '特长': '游泳', '最高奖
        项': '游泳比赛第三名'},

        {'姓名': '刘玲玲', '性别':'女', '出生年月': '2001.3', '综合分':92.6, '特长': '羽毛球',
        '最高奖项': '羽毛球比赛第二名'}    ],

    '第三学年': [
        {'姓名':'张华', '性别':'男', '出生年月': '2001.4', '综合分':92.4, '特长': '游泳、打篮球',
        '最高奖项': '二等奖学金'},

        {'姓名': '周智', '性别':'男', '出生年月': '2002.4', '综合分':93.5, '特长': '打篮球',
        '最高奖项': '一等奖学金'},

        {'姓名': '王晓梅', '性别':'女', '出生年月': '2001.6', '综合分':92.2, '特长': '舞蹈',
        '最高奖项': '校舞蹈比赛第二名'},

        {'姓名': '周秦', '性别':'男', '出生年月': '2001.9', '综合分':92.5, '特长': '打篮球',
        '最高奖项': '篮球比赛第二名'},

        {'姓名': '王虎', '性别':'男', '出生年月': '2002.12', '综合分':91.7, '特长': '踢足球',
        '最高奖项': '二等奖学金'}    ],

    '第四学年': [
        {'姓名': '赵涵', '性别':'女', '出生年月': '2001.2', '综合分':92.1, '特长': '游泳',
        '最高奖项': '游泳比赛第二名'},

        {'姓名': '李美', '性别':'女', '出生年月': '2001.11', '综合分':92.6, '特长': '网球', '最高
        奖项': '一等奖学金'},

        {'姓名': '周秦', '性别':'男', '出生年月': '2001.9', '综合分':93.5, '特长': '打篮球',
        '最高奖项': '校篮球比赛第三名'},

        {'姓名': '王宏伟', '性别':'男', '出生年月': '2002.10', '综合分':93.1, '特长': '下棋',
        '最高奖项': '全国计算机比赛二等奖'},

        {'姓名': '刘玲玲', '性别':'女', '出生年月': '2001.3', '综合分':91.7, '特长': '羽毛球',
        '最高奖项': '羽毛球比赛第二名'}    ],
}

　　计算机处理数据包括把数据存储在磁盘文件中和对数据进行加工处理。要存储不同维度的数据，我们需要选择符合维度特点的文件存储格式，CSV文件是一种国际通用的一维数据和二维数据存储格式；同样，程序中对数据的加工处理也需要根据数据维度采用相应的数据类型或结构的变量来进行，一般采用列表类型的变量存储和处理数据。

### 6.3.2  CSV 文件

#### 1．CSV 文件的概念

文件中的数据采用逗号分隔，使用这种存储格式的文件叫作 CSV（Comma-Separated Values，逗号分隔值）文件，文件扩展名为.csv。我们可以使用 Excel 软件打开、查看和编辑 CSV 文件。CSV 是一种通用的、相对简单的文件格式，在商业和科学领域被广泛应用。CSV 文件采用纯文本格式，通过 UTF-8 编码格式存储字符，每行数据之间不留空行，每行存储一个一维数据，数据间用逗号分隔。例如，将 5 名三好学生的姓名存储到 CSV 文件中，文件内容如下。

```
张华,李林,王晓梅,张润,刘玲玲
```

二维数据用多行存储，第一行记录数据项名称，其余行每行记录由多个数据项构成的数据，各数据项间用逗号分隔。例如，将 5 名三好学生的信息存储到 CSV 文件（regist.csv）中，文件内容如下。

```
姓名,性别,出生年月,综合分,特长,最高奖项
张华,男,2001.4,92.4,游泳、打篮球,优秀班长
李林,男,2000.11,93.2,短跑,校数学竞赛一等奖
王晓梅,女,2001.6,91.5,舞蹈,校舞蹈比赛一等奖
张润,男,2001.10,92.6,踢足球,英语演讲一等奖
刘玲玲,女,2001.3,93.7,羽毛球,羽毛球比赛第一名
```

#### 2．取读 CSV 文件中的数据

使用 open()函数打开 CSV 文件，按只读模式读取文件中的数据。例如，读取 name.csv 文件中的数据"张华,李林,王晓梅,张润,刘玲玲"，程序如下。

```
f=open('name.csv','r')
s=f.read()
ls=s.split(',')
print("三好学生名单如下：")
for i in ls:
    print(i)
f.close()
```

从 CSV 文件中读取的数据是一个用逗号分隔的字符串，上例中 s 的数据是字符串"张华,李林,王晓梅,张润,刘玲玲"。而 Python 中对一组数据的操作一般会转换成对列表数据的操作，因此读出的字符串需要按逗号转换为列表数据。通过 s.split(',')把数据 s 转换为列表数据保存到列表 ls 中，列表 ls 中的数据为["张华","李林","王晓梅","张润","刘玲玲"]，最后对列表数据进行操作，输出数据。

#### 3．将数据写入 CSV 文件

把处理好的数据存储到 CSV 文件中，需要在要存储的数据间添加逗号进行分隔。例如添加一名三好学生，该学生信息已经放于列表 ls 中，即 ls=["王金静","女","2002.11",92.9,"小提琴","全校乐器比赛第二名"]，把这名三好学生的信息存储到 regist.csv 文件中。程序如下。

```
f=open('regist.csv','a')
s=','.join(ls)+'\n'          #列表数据用逗号连接
f.write(s)
f.close()
```

其中，','.join(ls)+'\n'的功能是把列表中各数据用逗号连接成一个字符串并存储到变量 s 中，且在字符串后增加一个换行符；f.write(s)用于把字符串 s 写入 regist.csv 文件末尾。在 Excel 中打开这个文件，内容如图 6-1 所示。

| | A | B | C | D | E | F | G |
|---|---|---|---|---|---|---|---|
| 1 | 姓名 | 性别 | 出生年月 | 综合分 | 特长 | 最高奖项 | |
| 2 | 张华 | 男 | 2001.4 | 92.4 | 游泳、打篮球 | 优秀班长 | |
| 3 | 李林 | 男 | 2000.11 | 93.2 | 短跑 | 校数学竞赛一等奖 | |
| 4 | 王晓梅 | 女 | 2001.6 | 91.5 | 舞蹈 | 校舞蹈比赛一等奖 | |
| 5 | 张润 | 男 | 2001.1 | 92.6 | 踢足球 | 英语演讲一等奖 | |
| 6 | 刘玲玲 | 女 | 2001.3 | 93.7 | 羽毛球 | 羽毛球比赛第一名 | |
| 7 | 王金静 | 女 | 2002.11 | 92.9 | 小提琴 | 全校乐器比赛第二名 | |
| 8 | | | | | | | |
| 9 | | | | | | | |

图 6-1　regist.csv 文件的内容

### 6.3.3　一维数据的处理

一维数据是组织格式最简单的数据，使用文本文件存储，数据间的分隔符可采用空格、分号、换行符、逗号等特殊字符，这几种分隔方式的对应示例如下。

（1）用空格分隔。

张华 李林 王晓梅 张润 刘玲玲

（2）用分号分隔。

张华;李林;王晓梅;张润;刘玲玲

> ⚠️**注意**　这里的分号是半角分号，不是全角分号。

（3）用换行符分隔。

张华
李林
王晓梅
张润
刘玲玲

（4）用逗号分隔。

张华,李林,王晓梅,张润,刘玲玲

> ⚠️**注意**　这里的逗号是半角逗号，不是全角逗号。显然，用逗号分隔数据的存储文件就是 CSV 文件。

Python 中一维数据的存储采用 CSV 格式，一维数据的处理采用列表数据结构。用 read()函数从文件中读取的是字符串，字符串中数据之间用逗号分隔，所以读取数据后必须使用 split (',')函数把字符串按逗号拆分成列表中的数据，对该列表数据进行引用和处理，将处理结果保存到 CSV 文件中。保存前同样需要在列表的每个数据之间添加逗号连接成字符串，使用 write()函数把字符串写入文件中。

**例 6-10**　从 D 盘"练习"文件夹中读取 name.csv 文件的数据，并把第 3 个姓名改为赵华，再重新存入 name.csv 文件中。

【问题分析】

本例既需要从文件中读取数据，又需要把数据保存到文件中，只能采用'r+'模式打开文件。本例程序如下。

```
f=open('D:\\练习\\name.csv', 'r+')
ls=f.read().strip('\n').split (',')    #用strip('\n')去掉这行数据末尾的换行符
for i in ls:
    print(i)
ls[2]= '赵华'
f.seek(0)
f.write(', '.join(ls)+ '\n')    #在列表数据间添加逗号，末尾添加换行符，将数据写入文件
f.close()
```

【问题解答】

程序中，ls=f.read().strip('\n').split (',')用于使文件指针指向文件末尾，f.seek(0)用于使文件指针指向文件开始，保证写入的数据覆盖原数据，完成对姓名的修改。如果没有 f.seek(0)，则写入的数据会添加到文件末尾。

### 6.3.4　二维数据的处理

二维数据是表格数据，表格有多行，每一行是一个一维数据。CSV 文件就是表格文件，能够很方便地存储二维数据。Python 中二维数据的处理：可以采用每行一个列表数据，通过循环依次处理多行数据；也可以采用嵌套列表数据结构。

**例 6-11**　依次输入 5 名三好学生的数据并保存到 D 盘"练习"文件夹中，文件名为 regist.csv，再从 regist.csv 文件中读取所有学生的数据并输出。

【问题分析】

每名学生有姓名、性别、出生年月和综合分这 4 项信息，显然是二维数据。本例程序如下。

```
f=open('D:\\练习\\regist.csv', 'w+')
ls=['姓名','性别','出生年月','综合分']
f.write(','.join(ls)+ '\n')
for i in range(2):
    ls=[]
    ls.append(input('请输入姓名'))
    ls.append(input('请输入性别'))
    ls.append(input('请输入出生年月'))
    ls.append(input('请输入综合分'))
    f.write(','.join(ls)+'\n')
#读取数据并输出
f.seek(0)
for line in f:
    ls=line.strip('\n').split(',')
    for i in ls:
        print('{:<8}'.format(i),end=' ')
    print()
f.close()
```

【问题解答】

二维数据的存储，采用循环按一维数据方式写入 CSV 文件，每行数据之间用逗号分隔，一行结束有换行符，这里通过','.join(ls)在列表数据之间添加逗号组成一个字符串，并在字符串后面加上换行符写到文件中。二维数据的读取，通过循环依次读取每行数据，每行数据结束处的换行符不需要，可以通过 line.strip('\n')去掉换行符，获取一行数据后，再通过 split(',')把字符串以逗号为分隔符转换成列表数据。

## 6.4 实例解析：成绩统计

已知文件"运动会得分.csv"中记录了运动会得分情况，其部分数据如表 6-4 所示。现要求编写程序，读取该文件中的数据，统计每个班级的总得分、每个人的总得分和每个项目的总得分，并按总得分由高到低的顺序依次输出数据。

表 6-4　文件"运动会得分.csv"的部分数据

| 班级 | 姓名 | 项目名称 | 名次 | 得分 |
|---|---|---|---|---|
| 物联网工程 1 班 | 周宏 | 100m | 1 | 12 |
| 物联网工程 1 班 | 王磊 | 100m | 2 | 8 |
| 法语 1 班 | 王宏伟 | 100m | 3 | 7 |
| 软件工程 1 班 | 钱田 | 100m | 4 | 4 |
| 材料化学 1 班 | 李林 | 100m | 5 | 3 |
| 古汉语文学 1 班 | 陈余 | 100m | 6 | 1 |
| 古汉语文学 1 班 | 魏伟伟 | 跳远 | 1 | 6 |
| 数学 1 班 | 张浩 | 跳远 | 1 | 6 |
| 古汉语文学 1 班 | 张焕 | 跳远 | 3 | 4 |
| 软件工程 1 班 | 李宇 | 跳远 | 4 | 3 |
| 法语 1 班 | 王雪 | 跳远 | 5 | 2 |
| 德语 1 班 | 赵大维 | 跳远 | 6 | 1 |
| 统计学 1 班 | 吴与 | 跳高 | 1 | 10 |
| 数学 1 班 | 赵琳 | 跳高 | 2 | 8 |
| 物联网工程 1 班 | 王磊 | 跳高 | 3 | 6 |
| 古汉语文学 1 班 | 陈余 | 跳高 | 4 | 4 |
| 软件工程 1 班 | 赵亮 | 跳高 | 5 | 2 |
| 德语 1 班 | 周小 | 跳高 | 6 | 1 |
| 法语 1 班 | 王宏伟 | 400m | 1 | 12 |
| 材料化学 1 班 | 李林 | 400m | 2 | 10 |
| 数学 1 班 | 张浩 | 400m | 3 | 8 |
| 软件工程 1 班 | 赵亮 | 400m | 4 | 6 |
| 德语 1 班 | 赵大维 | 400m | 5 | 4 |
| 统计学 1 班 | 吴与 | 400m | 6 | 2 |

【问题分析】

要求分别统计班级、个人和项目的总得分，可以采用字典来组织数据，字典的键分别是班级、姓名和项目名称，对应的值是总得分。将从文件中读取的数据组织成列表数据，列表数据包括班级、姓名、项目名称和得分，每读取一行数据，把得分转为整数，班级、姓名、项目名称作为键，对字典数据按键对值进行累加。因为字典不能排序，所以所有数据读完后，需要把字典数据转换为列表数据，按总得分由高到低的顺序依次输出。

【问题解答】

完整的程序如下。

```python
classname=dict()
name=dict()
project=dict()
f=open('运动会得分.csv','r')
f.readline()                                        #跳过第一行标题
for row in f:
    ls=row.strip('\n').split(',')                   #取出文件中每行数据
    c=ls[0]
    n=ls[1]
    p=ls[2]
    num=int(ls[4])
    classname[c]=classname.get(c, 0)+num             #按班级统计得分
    name[n]=name.get(n, 0)+num                       #按姓名统计得分
    project[p]=project.get(p, 0)+num                 #按项目统计得分
#由高到低依次输出统计结果
l1=list(classname.items())
l2=list(name.items())
l3=list(project.items())
l1.sort(key=lambda x:x[1],reverse=True)
l2.sort(key=lambda x:x[1],reverse=True)
l3.sort(key=lambda x:x[1],reverse=True)
print("{:^9}{:^8}".format('班级','总得分'))
for i in l1:
    print("{:\u3000<8}{:<4}".format(i[0],i[1]))     #\u3000 全角空格，中文对齐
print()
print("{:^5}{:^14}".format('姓名','总得分'))
for i in l2:
    print("{:\u3000<6}{:^8}".format(i[0],i[1]))
print()
print("{:^5}{:^14}".format('项目','总得分'))
for i in l3:
    print("{:<2}{:>12}".format(i[0],i[1]))
f.close()
```

程序运行结果如下。

| 班级 | 总得分 |
|---|---|
| 物联网 1 班 | 26 |
| 数学 1 班 | 22 |
| 法语 1 班 | 21 |
| 软件工程 1 班 | 15 |
| 古汉语文学 1 班 | 15 |
| 材料化学 1 班 | 13 |
| 统计学 1 班 | 12 |
| 德语 1 班 | 6 |

| 姓名 | 总得分 |
|------|--------|
| 王宏伟 | 19 |
| 王磊 | 14 |
| 张浩 | 14 |
| 李林 | 13 |
| 周宏 | 12 |
| 吴与 | 12 |
| 赵亮 | 8 |
| 赵琳 | 8 |
| 魏伟伟 | 6 |
| 陈余 | 5 |
| 赵大维 | 5 |
| 张焕 | 4 |
| 钱田 | 4 |
| 李宇 | 3 |
| 王雪 | 2 |
| 周小 | 1 |

| 项目 | 总得分 |
|------|--------|
| 400m | 42 |
| 100m | 35 |
| 跳高 | 31 |
| 跳远 | 22 |

## 本章小结

本章首先介绍了计算机数据文件的类型；其次介绍了打开文件、读写文件和关闭文件的方法，以及各种文件打开模式；接着讲解了常用的 CSV 文件的特点，并举例讲解了如何使用列表类型处理 CSV 文件中的一维数据和二维数据；最后通过一个综合实例讲解了 Python 程序中读取、处理和保存数据文件的过程。

## 扩展阅读

### 1. json 库

现实中很多数据是高维数据，例如网络平台上的数据大多数是高维数据。JSON 是网络上常用的高维数据格式。JSON 格式的数据本质是一种格式化的字符串，容易阅读和编写，包括对象和数组。一个 JSON 对象用大括号 "{}" 存储，大括号内部数据采用键值对的形式存储，数据之间用逗号分隔，例如一名三好学生的信息{'姓名': '张华', '性别':'男', '出生年月': '2001.4', '综合分':92.4, '特长': '游泳、打篮球', '最高奖项': '优秀班长'}。Python 中有专门处理 JSON 数据的标准库——json 库。json 库包含两类函数：操作类函数和解析类函数。其中，操作类函数主要用于外部 JSON 数据与程序内部数据之间的数据类型转换；解析类函数主要用于将 JSON 格式的对象解析为字典，将 JSON 格式的数组解析为列表。

json 库的操作类函数主要有 dumps()函数和 loads()函数，dumps()函数用于把 Python 数据转换为 JSON 字符串，loads()函数用于将 JSON 字符串转换为 Python 数据。json 库的操作类函数如表 6-5 所示。

表 6-5　json 库的操作类函数

| 函数 | 功能 |
| --- | --- |
| json.dumps(obj,sort_keys,n) | obj 是 Python 的列表或字典类型数据，将其转换为 JSON 字符串 |
| json.loads(string) | string 是 JSON 字符串，将其转换为 Python 数据 |
| json.dump(obj,f,sort_keys,n) | 与 dumps()的功能类似，数据输出到文件 f 中 |
| json.load(f) | 与 loads()的功能类似，从 f 文件中读取数据 |

sort_keys=True 表示字典元素可以按 key 进行升序排列，参数 n 表示数据缩进量。Python 数据对象与 JSON 数据转换的对照表如表 6-6 所示。

表 6-6　Python 数据对象与 JSON 数据转换的对照表

| Python 数据对象 | JSON 数据 |
| --- | --- |
| dict | object |
| list,tuple | array |
| str,unicode | string |
| int,long,float | number |
| True | true |
| False | false |
| None | null |

## 2. os 模块

os 模块是 Python 标准库中用于访问操作系统的功能模块，它提供了多数操作系统的功能接口函数。当 os 模块被导入后，它会自适应于不同的操作系统，根据不同的操作系统进行相应的操作，同时它也提供了大量文件级操作方法。Python 程序如果涉及目录和文件，使用 os 模块很方便。下面对 os 模块中与目录和文件操作相关的函数进行介绍。表 6-7 所示为 os 模块中常用的目录操作函数。

表 6-7　os 模块中常用的目录操作函数

| 函数 | 功能 |
| --- | --- |
| os.getcwd() | 获取当前目录 |
| os.listdir(目录) | 返回指定目录下的所有文件名和目录名 |
| os.mkdir(目录) | 创建目录 |
| os.makedirs(目录 1/目录 2…) | 创建多级目录，会根据需要自动创建中间缺失的目录 |
| os.rmdir(目录) | 删除目录 |
| os.removedirs(目录 1/目录 2…) | 删除多级目录 |
| os.chdir(目录) | 把目录设置为当前工作目录 |

getcwd()函数用于获取 Python 程序工作的当前目录。listdir(目录)函数返回指定目录下的所有内容，指定的这个目录必须是真实存在的，否则会出错。

**例 6-12**　输出当前 Python 程序的工作目录，并显示当前目录下的所有内容。

【问题解答】

```
import os
s=os.getcwd()
print(s)
print(listdir(s))
```

运行结果如下。

```
D:\案例文件
['6-2.py','6-3.py', '6-4.py', '6-5.py','6-6.py','6-7.py', '6-8.py' ,'6-9.py','6-10.py',
'6-11.py', '6-12.py',' 运动会得分.csv']
```

mkdir()函数用于创建目录，但注意创建的目录中上级目录也应该是真实存在的。例如如下代码。

```
>>> import os
>>> os.getcwd()                          #获取当前工作目录
'D:\\案例文件'
>>> os.mkdir(os.getcwd()+'\\练习')        #创建目录
>>> os.chdir(os.getcwd()+'\\练习')        #改变当前工作目录
>>> os.getcwd()
'D:\\案例文件\\练习'
```

rmdir( )函数用于删除目录，删除目录时要求该目录下不能有文件或子文件夹，否则会出错。表 6-8 所示为 os 模块中常用的文件操作函数。

表 6-8　os 模块中常用的文件操作函数

| 函数 | 功能 |
| --- | --- |
| os.stat(文件目录) | 获取文件属性 |
| os.remove(文件) | 删除指定的文件 |
| os.rename(原文件名,新文件名) | 重命名文件 |
| os.access(文件,模式) | 测试是否可以按指定的模式权限访问该文件 |

stat()函数用于获取文件创建时间、文件修改时间和文件大小等文件属性。例如如下代码。

```
>>>os.stat('D:\\案例文件\\6-8.py')
os.stat_result(st_mode=33206, st_ino=4503599627373916, st_dev=4140459740, st_nlink=1,
st_uid=0, st_gid=0, st_size=103, st_atime=1651922209, st_mtime=1651922209, st_ctime=
1651917230)
```

remove()函数用于删除文件，例如，os.remove('D:\\案例文件\\6-3.py')表示将在 D 盘"案例文件"文件夹中的 6-3.py 文件删除。rename()函数用于给文件重命名，例如，os.rename('D:\\案例文件\\6-4.py','D:\\案例文件\\静夜思.py')表示将 D 盘"案例文件"文件夹中的 6-4.py 文件重命名为"静夜思.py"。

# 本章习题

## 一、选择题

1. 下列关于一维数据存储格式的描述，错误的是（　　）。

　　A. 一维数据可以采用直接相连形成字符串的方式存储

B. 一维数据可以采用特殊符号"@"分隔的方式存储

C. 一维数据可以采用分号分隔的方式存储

D. 一维数据可以采用 CSV 格式存储

2. 下列关于 CSV 文件处理的描述，错误的是（　　　）。

A. 因为 CSV 文件以半角逗号分隔每列数据，所以即使列数据为空，也要保留逗号

B. 对于包含半角逗号的数据，以 CSV 格式保存时须进行转码处理

C. 因为 CSV 文件可以由 Excel 软件打开，所以它是二进制文件

D. 通常 CSV 文件每行表示一个一维数据，多行表示二维数据

3. 下列关于数据维度的描述，错误的是（　　　）。

A. 二维数据采用表格方式组织，类似于数学中的矩阵

B. 数据组织存在维度，用字典表示一维数据和二维数据

C. 高维数据由键值对类型的数据构成，采用对象方式组织

D. 一维数据采用线性方式组织，类似于数学中的数组和集合

4. 下列关于 Python 文件打开模式的描述，错误的是（　　　）。

A. 文本文件的覆盖写模式为'wt'　　　　B. 文本文件的只读模式为'rt'

C. 二进制文件的追加写模式为'ab'　　　D. 二进制文件的创建写模式为'nb'

5. 以下选项可以用于从 CSV 文件中读取数据并将其解析成一维数据或二维数据的是（　　　）。

A. exists()　　　　B. split()　　　　C. join()　　　　D. format()

6. 下列关于 CSV 文件的描述，错误的是（　　　）。

A. CSV 文件不能包含二维数据的表头信息

B. CSV 文件的每一行表示一个具体的一维数据

C. CSV 文件不是存储二维数据的唯一方式

D. CSV 文件的每行采用逗号分隔多个元素

7. 以下选项可以用于向 CSV 文件写入一维数据或二维数据的是（　　　）。

A. exists()　　　　B. strip()　　　　C. split()　　　　D. join()

8. 以下描述正确的是（　　　）。

A. CSV 文件以半角分号分隔元素

B. CSV 文件以特殊符号分隔元素

C. CSV 文件以半角逗号分隔元素

D. CSV 文件以空格分隔元素

**二、编程题**

1. 编写程序，实现用户输入一个文本文件名，打开这个文件，逐页显示该文件的内容且每次默认显示行数为 10 行，每 10 行显示完后给用户一个提示信息"是否继续阅读？[Y(yes),N(no)]"，如果输入 Y 或 y，则接着显示下 10 行，输入 N 或 n 则退出。

2. 查阅资料了解什么是"中国精神"，结合自己所学专业，把自己的领悟到的"中国精神"写入"姓名.txt"文件中。然后，编写程序按行读取"姓名.txt"文件中的内容，逐行输出，并能在文件末尾输入感想。

# 第7章 标准库

Python 是一种脚本语言，并有胶水语言之称。Python 有自己的标准库，那么 Python 的标准库是什么？打个比方，我们平时用的生活用品，总不能都靠自己制作及生产，有些是要去购买的。标准库就像一个超市，我们需要什么函数就从中调用。这样做的好处是在日后工作中，我们没必要自己编写那些数据结构和代码，只需要导入库并调用库内的函数即可。

Python 的标准库非常强大。本章将介绍其中常用的 3 个标准库：turtle 库、random 库和 math 库。

学习目标：

（1）理解 turtle 库的基本功能及其使用方法；

（2）理解 random 库在随机数方面的使用方法；

（3）理解 math 库的基本功能及使用方法；

（4）应用 Python 标准库解决相关问题。

## 7.1 turtle 库

turtle 库是 Python 重要的标准库之一，用它能够进行基本的图形绘制。turtle 图形绘制的概念诞生于 1969 年，成功应用于 LOGO（一门程序设计语言）。由于 turtle 图形绘制概念十分直观且非常流行，因此 Python 吸纳这个概念，推出了 Python 的 turtle 库，并使该库成为标准库之一。

利用 turtle 库绘制图形有一个基本框架：一个"小海龟"画笔在坐标系中爬行，其爬行轨迹就是绘制的图形。"小海龟"有"前进""后退""旋转"等爬行行为，对坐标系的探索也通过"前进方向""后退方向""左侧方向"和"右侧方向"等"小海龟"自身角度方位来完成。刚开始绘制时，"小海龟"的初始位置位于画布正中央，此处坐标为(0,0)，前进方向为水平向右。turtle 库绘图坐标系如图 7-1 所示。

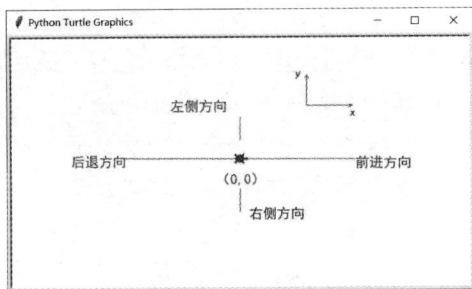

图 7-1　turtle 库绘图坐标系

turtle 库与 Python 的其他标准库一样，使用关键字 import 对其进行导入。导入函数库有如下两种常用方法。

第一种导入函数库的方法如下。

```
import <库名>
```

导入函数库后，程序可以调用该库中的所有函数，调用库中函数的语法格式如下。

```
<库名>.<函数名>(<函数参数>)
```

例如如下代码。

```
import turtle
turtle.circle(200)
```

第二种导入函数库的方法如下。

```
from <库名> import *   #其中*是通配符，表示所有函数
```

也可以只导入需要的函数。

```
from <库名> import <函数名1,函数名2,…,函数名n>
```

此时，调用该库的函数不再需要使用库名，直接使用如下格式即可。

```
<函数名>(<函数参数>)
```

例如如下代码。

```
from turtle import *
circle(200)
```

或者仅导入需要的函数。例如如下代码。

```
from turtle import circle
circle(200)
```

## 7.2 turtle 库的功能函数

turtle 库包含 100 多个功能函数，主要分为窗体函数、画笔控制函数和画笔运动函数三大类。

### 7.2.1 窗体函数

使用 turtle 库绘制图形时，需要先设置主窗体的大小和位置。

turtle 库的 turtle.setup() 函数与主窗体有关，定义格式如下（各参数的含义及对应位置如图 7-2 所示）。

```
turtle.setup(width,height,startx,starty)
```

作用：设置主窗体的大小和位置。

参数：

（1）width 为窗口宽度，如果值是整数则表示像素值，如果值是小数则表示窗口宽度与屏幕的比例；

（2）height 为窗口高度，如果值是整数则表示像素值，如果值是小数则表示窗口高度与屏幕的比例；

（3）startx 为窗口左侧与屏幕左侧的距离，如果值是 None，则窗口位于屏幕水平中央；

（4）starty 为窗口顶部与屏幕顶部的距离，如果值是 None，则窗口位于屏幕垂直中央。

例如，用如下代码绘制图 7-2 所示的坐标系。

```
turtle.setup(650,350, 300, 200)
```

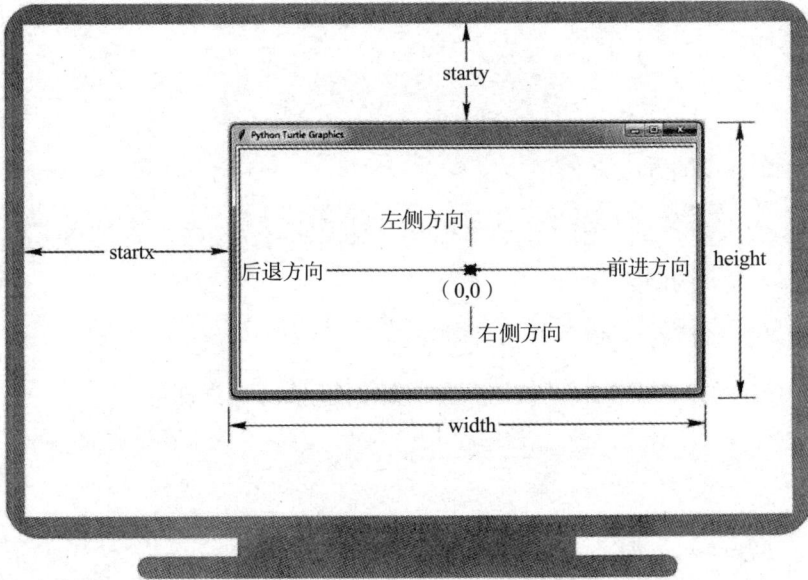

图 7-2　turtle.setup()函数 4 个参数的含义及对应位置

### 7.2.2　画笔控制函数

表 7-1 列出了 turtle 库的画笔控制函数。

**表 7-1　turtle 库的画笔控制函数**

| 函数 | 描述 |
| --- | --- |
| pendown() | 放下画笔 |
| penup() | 提起画笔，与 pendown()配对使用 |
| pensize() | 设置画笔线条的粗细 |
| pencolor() | 设置画笔的颜色 |
| color() | 设置画笔和填充的颜色 |
| begin_fill() | 在填充图形前调用 |
| end_fill() | 在填充图形后调用 |
| filling() | 返回填充的状态。True 表示填充，False 表示未填充 |
| clear() | 清空当前窗口，但不改变当前画笔的位置 |
| reset() | 清空当前窗口，并重置画笔位置等为默认值 |
| screensize() | 设置画布窗口的宽度、高度和背景颜色 |

| 函数 | 描述 |
|------|------|
| hideturtle() | 隐藏画笔的 turtle 形状 |
| showturtle() | 显示画笔的 turtle 形状 |
| isvisible() | 如果 turtle 可见，则返回 True |
| write() | 输出指定字体样式的字符串 |

### 1．turtle. penup () 和 turtle. pendown ()

turtle.penup()和 turtle.pendown()函数分别控制画笔的提起和放下，函数定义如下。

```
turtle.penup()          #也可写作 turtle.pu()、turtle.up()
```

作用：提起画笔之后，移动画笔不会绘制形状。

参数：无。

```
turtle.pendown()        #也可写作 turtle.pd()、turtle.down()
```

作用：放下画笔后，移动画笔将绘制形状。

参数：无。

### 2．turtle. pensize ()

turtle.pensize()函数定义如下。

```
turtle.pensize(width)   #也可写作 turtle.width()
```

作用：设置画笔线条的粗细。

参数：width 表示设置的画笔线条的粗细，如果为 None 或者为空，则返回当前画笔线条的粗细。

### 3．turtle. pencolor ()

turtle.pencolor()函数用于设置画笔颜色，函数定义如下。

```
turtle.pencolor(colorstring)        #或者 turtle.pencolor((r,g,b))
```

作用：设置画笔颜色。当无参数时，返回当前画笔颜色。

参数：

（1）colorstring 为表示颜色的字符串，例如"purple" "red" "blue"等；

（2）(r,g,b)为表示颜色的 RGB 值，例如(51, 204, 140)。

很多 RGB 颜色都有固定的英文名称，这些英文名称可以作为 colorstring，也可以采用(r,g.b)形式直接输入颜色值。部分典型 RGB 颜色的对照表如表 7-2 所示。

**表 7-2　部分典型 RGB 颜色的对照表**

| 英文名称 | RGB | 十六进制形式 | 中文名称 |
|----------|-----|-------------|----------|
| white | (255,255,255) | #FFFFFF | 白色 |
| black | (0,0,0) | #000000 | 黑色 |
| grey | (190,190,190) | #BEBEBE | 灰色 |
| darkgreen | (0,1000) | #006400 | 深绿色 |
| gold | (255,215,0) | #FFD700 | 金色 |

| 英文名称 | RGB | 十六进制形式 | 中文名称 |
|---|---|---|---|
| violet | (238,130,238) | #EE82EE | 紫罗兰色 |
| purple | (160,32,240) | #A020F0 | 紫色 |

### 4．turtle.color ()

turtle.color()函数定义如下。

```
turtle.color(colorstring1,colorstring2)        #或者turtle.color((r1,g1,b1),(r2,g2,b2))
```

作用：设置画笔和填充的颜色。当无参数时，返回当前画笔和填充的颜色。

参数：

（1）colorstring1 和 colorstring2 为表示颜色的字符串，例如"purple""red" "blue"等；

（2）(r1,g1,b1)和(r2,g2,b2)为表示颜色的 RGB 值。

### 5．turtle.begin_fill () 和 turtle.end_fill ()

turtle.begin_fill()和 turtle.end_fill()可以配合使用，函数定义如下。

```
turtle.begin_fill()
```

作用：设置填充区域颜色，在开始绘制拟填充背景图形前调用。

参数：无。

```
turtle.end_fill()
```

作用：turtle.begin_fill()的配对函数，在结束绘制拟填充背景图形后调用。

参数：无。

用法举例如下。

```
import turtle
turtle.color("red", "blue")
turtle.begin_fill()
turtle.circle(100)
turtle.end_fill()
```

上述代码用于绘制一个画笔颜色为红色、背景填充色为蓝色、半径为 100 像素的圆。

### 6．turtle.filling ()

turtle.filling()函数定义如下。

```
turtle.filling()
```

作用：返回当前图形背景颜色的填充状态，即如果此函数在 begin_fill()和 end_fill()之间，则返回 True，否则返回 False。

参数：无。

### 7．turtle.clear ()

turtle.clear()函数定义如下。

```
turtle.clear()
```

作用：清空当前"小海龟"绘制的图形，但不改变当前画笔的位置。

参数：无。

### 8．turtle. reset ()

turtle.reset()函数定义如下。

```
turtle.reset()
```

作用：清空当前窗口，"小海龟"的位置和角度恢复为初始状态。

参数：无。

### 9．turtle. screensize ()

turtle.screensize()函数定义如下。

```
turtle.screensize(width,height,bgcolor)
```

作用：设置当前画布窗口的宽度为 width、高度为 height、背景颜色为 bgcolor；如果不给出参数，则以元组形式返回当前画布窗口的宽度和高度，即(width,height)。

参数：

（1）width 为画布窗口的宽度，以像素为单位；

（2）height 为画布窗口的高度，以像素为单位；

（3）bgcolor 为表示颜色的字符串或颜色对应的 RGB 的十六进制形式。

### 10．turtle. hideturtle ()

turtle.hideturtle()函数定义如下。

```
turtle.hideturtle()
```

作用：隐藏画笔的 turtle 形状。

参数：无。

### 11．turtle. showturtle ()

turtle.showturtle()函数定义如下。

```
turtle.showturtle()
```

作用：显示画笔的 turtle 形状。

参数：无。

### 12．turtle. isvisible ()

turtle.isvisible()函数定义如下。

```
turtle.isvisible()
```

作用：判断 turtle 对象是否显示。如果 turtle 画笔的形状显示，则返回 True，否则返回 False。

参数：无。

### 13．turtle. write ()

turtle. write()函数定义如下。

```
turtle.write(str,font=None)
```

作用：将字符串 str 以指定的字体样式显示在画布窗口上。

参数：

（1）str 为拟输出的字符串；

（2）font 为由字体名称、字体尺寸和字体类型 3 个元素构成的元组，该参数可选，省略时以默认参数显示。

用法举例如下。

```
import turtle
turtle.write("Write Function",font=('Arial',40,'normal'))
```

### 7.2.3　画笔运动函数

我们可通过函数控制画笔的行进动作，进而绘制形状。turtle 库的画笔运动函数如表 7-3 所示。

表 7-3　turtle 库的画笔运动函数

| 函数 | 描述 |
| --- | --- |
| forward(distance) | 沿着当前方向前进指定距离 |
| backward(distance) | 沿着与当前相反的方向前进指定距离 |
| right(angle) | 向右旋转，角度为 angle |
| left(angle) | 向左旋转，角度为 angle |
| goto(x,y) | 移动到绝对坐标(x,y)处 |
| setx(x) | 修改画笔的横坐标到 x，纵坐标不变 |
| sety(y) | 修改画笔的纵坐标到 y，横坐标不变 |
| setheading(angle) | 设置当前朝向为角度 angle |
| home() | 设置当前画笔位置为原点，朝向为初始方向 |
| circle(radius,extent) | 绘制一个指定半径（radius）和角度（extent）的圆或弧形 |
| dot(size,color) | 绘制一个指定直径（size）和颜色（color）的圆点 |
| undo() | 撤销绘图的最后一个动作 |
| speed() | 设置画笔的绘制速度 |

建议打开 IDLE 窗口，输入一些 turtle 库函数，并看看绘制出的效果。

#### 1．turtle.forward()

turtle.forward()函数较常用，函数定义如下。

```
turtle.forward(distance)        #也可以写作 turtle.fd(distance)
```

作用：向"小海龟"当前方向前进 distance。

参数：distance 为前进距离的像素值；当值为负数时，表示向与当前相反的方向前进。

#### 2．turtle.backward()

turtle.backward()函数定义如下。

```
turtle.backward(distance)        #也可写作 turtle.bk(distance)
```

作用：向"小海龟"当前相反方向前进 distance，画笔方向不变。

参数：distance 为前进距离的像素值；当值为负数时，表示向当前方向前进。

### 3．turtle. right ()

turtle.right()函数用来改变画笔前进方向，函数定义如下。

```
turtle.right(angle)
```

作用：改变画笔前进方向为当前方向右侧 angle 角度。

参数：angle 为角度的相对整数值。

### 4．turtle. left ()

turtle.left()函数定义如下。

```
turtle.left(angle)
```

作用：改变画笔前进方向为当前方向左侧 angle 角度。

参数：angle 为角度的相对整数值。

### 5．turtle. goto ()

turtle.goto()函数定义如下。

```
turtle.goto(x,y)
```

作用：移动画笔到画布中的特定位置，该位置以(x,y)形式表示；如果当前画笔处于放下状态，则绘制当前位置到目标位置的线条。

参数：

（1）x 为画布中特定位置的横坐标；

（2）y 为画布中特定位置的纵坐标。

### 6．turtle. setx ()

turtle.setx()函数定义如下。

```
turtle.setx(x)
```

作用：修改画笔的横坐标到 x，纵坐标不变。

参数：x 为画布中的一个横坐标。

### 7．turtle. sety ()

turtle.sety()函数定义如下。

```
turtle.sety(y)
```

作用：修改画笔的纵坐标到 y，横坐标不变。

参数：y 为画布中的一个纵坐标。

### 8．turtle. setheading ()

turtle. setheading()函数用来改变画笔绘制方向，函数定义如下。

```
turtle.setheading(to_angle)        #也可写作 turtle.seth(to_angle)
```

作用：设置"小海龟"当前前进方向为 to_angle。

参数：to_angle 为绝对方向角度的整数值。

图 7-3 给出了 turtle 库的角度坐标系，以供 turtle.seth()等函数使用。需要注意的是，turtle 库的角度坐标系以正东向为 0°（这也是"小海龟"的初始爬行方向），正西向为 180°，这个方向坐标系与"小海龟"当前前进方向无关。因此可以利用这个绝对坐标系随时更改"小海龟"的前进方向。

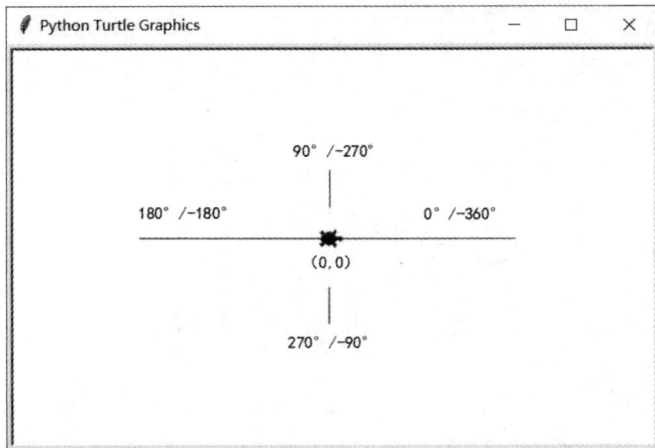

图 7-3　turtle 库的角度坐标系

### 9. turtle. home ()

turtle.home()函数定义如下。

```
turtle.home()
```

作用：移动画笔到坐标系原点，画笔方向为初始方向。

参数：无。

### 10. turtle. circle ()

turtle.circle()函数用于绘制弧形，函数定义如下。

```
turtle.circle(radius,extent=None)
```

作用：根据半径（radius）绘制角度为 extent 的弧形。

参数：

（1）radius 为弧形的半径（单位为像素），当值为正数时"小海龟"朝逆时针方向绘制，当值为负数时"小海龟"朝顺时针方向绘制，如图 7-4 所示；

（2）extent 为弧形的角度，当不给出该参数或该参数为 None 时，绘制整个圆形。

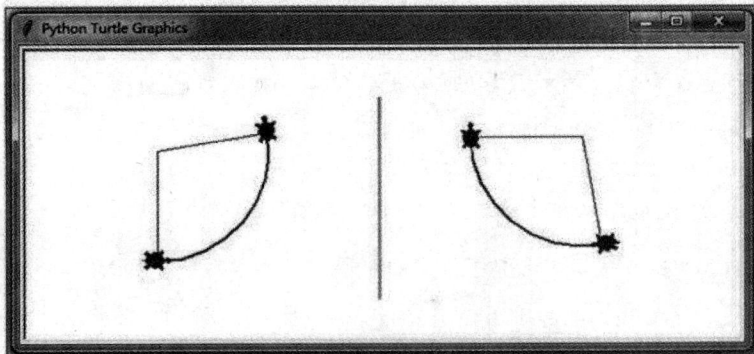

图 7-4　turtle.circle()函数的参数含义

### 11. turtle. dot ()

turtle.dot()函数用于绘制一个带有背景色、指定了大小的圆点，函数定义如下。

```
turtle.dot(size,color)
```

作用：绘制一个带有背景色 color、直径为 size 的圆点。

参数：

（1）size 为圆点的直径值，单位为像素；

（2）color 为表示颜色的字符串或 RGB 的十六进制形式，表示背景颜色。

### 12. turtle. undo ()

turtle.undo()函数定义如下。

```
turtle.undo()
```

作用：撤销绘图的最后一个动作。

参数：无。

### 13. turtle. speed ()

turtle.speed()函数定义如下。

```
turtle.speed(s)
```

作用：设置画笔的绘制速度。

参数：s 为速度值。该参数取 0～10 的整数，为 0 表示没有绘制动作，值越大表示绘制速度越快，超过 10 则作用等同于 0。

为了深入理解 turtle 库中的函数，这里给出 3 个实例。

**例 7-1** 绘制 7 个不同颜色的圆，绘制效果如图 7-5 所示。

【问题解答】

```
#DrawSevenColorfulCircles.py
import turtle
colors=['red','orange' ,'yellow','green','blue','indigo','purple']
for i in range(7):
    c=colors[i]
    turtle.color(c,c)
    turtle.begin_fill()
    turtle.rt(360/7)
    turtle.circle(50)
    turtle.end_fill()
turtle.done()
```

图 7-5　7 个不同颜色的圆

**例 7-2**　编写一个程序，绘制彩色三角形、四边形、五边形、六边形和圆形。要求：通过调用 turtle 库的 begin_fill() 和 end_fill() 函数为绘制的图形填充颜色，通过调用 write() 函数输出一行文字，字体为 Times、字号为 18、粗体。

【问题解答】

```
import turtle
turtle.pensize(3)                    #绘制三角形
turtle.penup()
turtle.goto(-200,-50)
turtle.pendown()
turtle.begin_fill()
turtle.color('red')
turtle.circle(40,steps=3)
turtle.end_fill()
turtle.penup()                       #绘制四边形
turtle.goto(-100,-50)
turtle.pendown()
turtle.begin_fill()
turtle.color('blue')
turtle.circle(40,steps=4)
turtle.end_fill()
turtle.penup()                       #绘制五边形
turtle.goto(0,-50)
turtle.pendown()
turtle.begin_fill()
turtle.color('green')
turtle.circle(40,steps=5)
turtle.end_fill()
turtle.penup()                       #绘制六边形
turtle.goto(100,-50)
turtle.pendown()
turtle.begin_fill()
turtle.color('yellow')
turtle.circle(40,steps=6)
turtle.end_fill()
turtle.penup()                       #圆形
turtle.goto(200,-50)
turtle.pendown()
turtle.begin_fill()
turtle.color('purple')
turtle.circle(40)
turtle.down()
turtle.end_fill()
turtle.color('green')                #指定文字的颜色
turtle.penup()
turtle.goto(-100,50)
turtle.pendown()
turtle.write(("Cool Colorful Shapes"),font=("Times",18,"bold"))
turtle.hideturtle()
turtle.done()
```

运行结果如图 7-6 所示。

Cool Colorful Shapes

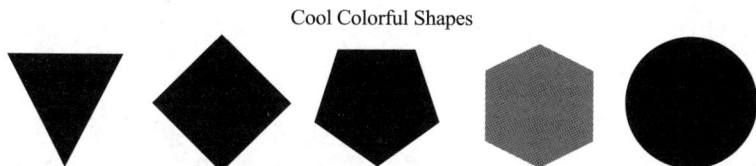

图 7-6　绘制图形并输出文字

**例 7-3**　编写绘制蟒蛇的代码。

【问题解答】

```python
import turtle
turtle.setup(650,350, 200, 200)
turtle.penup()
turtle.fd(-250)
turtle.pendown()
turtle.pensize(25)
turtle.pencolor("purple")
turtle.seth(-40)
for i in range(4):
    turtle.circle(40,80)
    turtle.circle(-40,80)
turtle.circle(40,80/2)
turtle.fd(40)
turtle.circle(16,180)
turtle.fd(40*2/3)
```

运行结果如图 7-7 所示。

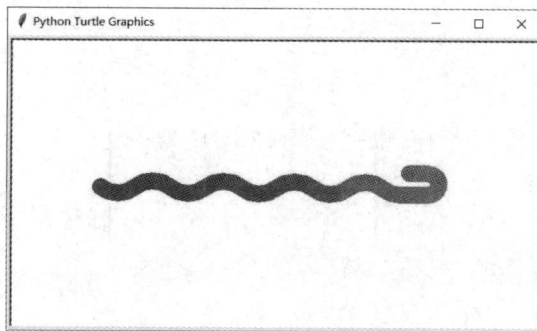

图 7-7　绘制的蟒蛇效果

## 7.3　random 库与随机数函数

### 7.3.1　random 库概述

　　random 库是使用随机数时需要引入的 Python 标准库。从概率论角度来说，随机数是随机产生的数据。但计算机是不可能产生随机数的，所谓的随机数也是在特定条件下产生的确定值。因此计算机产生的伪随机数被称为随机数。伪随机数是指计算机中通过采用梅森旋转算法等生成的（伪）随机序列元素。

我们可以采用下面两种方式来导入 random 库。

方式一如下。

```
import random
```

方式二如下。

```
from random import *
```

random 库包含以下两类函数，其中常用的有 9 个。

基本随机数函数：seed()、random()。

扩展随机数函数：randint()、getrandbits()、randrange()、uniform()、choice()、shuffle()、sample()。

## 7.3.2 random 库中的基本随机数函数

random 库中的基本随机数函数如表 7-4 所示。

表 7-4 random 库中的基本随机数函数

| 函数 | 描述 |
| --- | --- |
| seed() | 初始化随机数种子，默认值为当前系统时间 |
| random() | 生成一个[0.0,1.0)内的随机小数 |

生成随机数之前可以通过 seed()函数指定随机数种子。随机数种子一般是一个整数，只要随机数种子相同，每次生成的随机数序列就相同，这样便于测试和同步数据。例如如下代码。

```
>>> from random import *
>>> seed(10)
>>> random()
0.5714025946899135
>>> random()
0.4200090540151146
>>> seed(10)        #设置相同的随机数种子，则后续生成的随机数序列相同
>>> random()
0.5714025946899135
>>> random()
0.4288890546751146
```

### 1．random.seed()

random.seed()函数定义如下。

```
random.seed(s)
```

作用：为随机数序列确定随机数种子。

参数：s 为随机数种子，可以为一个整数或浮点数。

设置随机数种子的好处是可以准确复现随机数序列，用于重复程序的运行轨迹。对于仅使用随机数但不需要复现的情况，我们可以不设置随机数种子。如果程序没有显式地设置随机数种子，则使用随机数生成函数前，将默认以当前系统的运行时间为随机数种子产生随机数序列。

### 2．random.random()

random.random()函数定义如下。

```
random.random()
```

作用：生成[0.0,1.0)内的随机小数。注意，不包含 1.0。

参数：无。

### 7.3.3 random 库中的扩展随机数函数

random 库中的扩展随机数函数如表 7-5 所示。

表 7-5　random 库中的扩展随机数函数

| 函数 | 描述 |
| --- | --- |
| randint(a,b) | 生成一个[a,b]内的随机整数 |
| getrandbits(k) | 生成一个 k 比特长度的随机整数 |
| randrange(start, stop[, step]) | 生成一个[start,stop)内以 step 为步长的随机整数 |
| uniform(a, b) | 生成一个[a,b]内的随机小数 |
| choice(seq) | 从序列类型（如列表）中随机返回一个元素 |
| shuffle(seq) | 将序列类型中的元素随机排列，返回打乱后的序列 |
| sample(pop, k) | 从 pop 表示的组合数据类型中随机选取 k 个元素，以列表类型返回 |

#### 1．random. randint ()

random.randint()函数定义如下。

```
random.randint(a, b)
```

作用：生成一个[a,b]内的随机整数。注意，随机数可能等于 a 或 b。

参数：a、b 为整数。

用法举例如下。

```
>>> from random import *
>>> randint(1,10)
9
>>> randint(1,1000)
901
>>> randint(-1000,1000)
-546
```

#### 2．random. getrandbits ()

random.getrandbits()函数定义如下。

```
random.getrandbits(k)
```

作用：生成一个 k 比特长度的随机整数，其中 k 是二进制数的长度。

参数：k 为一个整数。

用法举例如下。

```
>>> from random import *
>>> getrandbits(100)
1131366864087727230065024293985
>>> len(bin(1131366864087727230065024293985))    #含 0b 前导符
102
>>> bin(1131366864087727230065024293985)
'0b1110010001111010010010111100010101000001100111101111101011111100100101000010010111101
11011100011000011'
```

### 3．random. randrange ()

random.randrange()函数定义如下。

```
random.randrange(start,stop[,step])
```

作用：生成一个[start,stop)内以 step 为步长的随机整数，使用方法与 range()函数的使用方法相似。

参数：

（1）start 为一个整数，表示开始整数；

（2）stop 为一个整数，表示结束整数；

（3）step 为一个整数，表示步长。

用法举例如下。

```
>>> from random import *
>>> randrange(10,1000,5)
315
>>> randrange(10,1000,5)
895
>>> randrange(10,1000,5)
335
```

### 4．random. uniform ()

random.uniform()函数定义如下。

```
random.uniform(a,b)
```

作用：生成一个[a,b]内的随机小数。注意，随机数可能等于 a 或 b。

参数：a、b 为整数或浮点数。

用法举例如下。

```
>>> from random import *
>>> uniform(10,100)
29.287832859322172
>>> uniform(1.1,99.8)
17.663676694089382
>>> uniform(1.1, 99.8)
39.97991419389564
```

### 5．random. choice ()

random.choice()函数定义如下。

```
random.choice(seq)
```

作用：从序列类型中随机返回一个元素。序列类型包括列表、元组和字符串。

参数：seq 为一个序列类型的变量。

用法举例如下。

```
>>> from random import *
>>> choice("Python123")
1
>>> choice([1,2,3,4,5,6])
5
>>> choice(("Python","123"))
123
```

## 6．random.shuffle()

random.shuffle()函数定义如下。

```
random.shuffle(seq)
```

作用：将序列类型中的元素随机排列，返回打乱后的序列。序列类型包括列表、元组和字符串。由于排序后重写了原有变量，因此该函数不能作用于不可变序列，即主要用于列表。

参数：seq 为一个列表类型的变量。

用法举例如下。

```
>>> from random import*
>>> ls=[1,2,3,4,5,6]
>>> shuffle(ls)
>>> ls
[1,4,3,5,2,6]
```

## 7．random.sample()

random.sample()函数定义如下。

```
random.sample(pop,k)
```

作用：从 pop 表示的组合数据类型中随机选取 k 个元素，以列表类型返回。注意，pop 所含的元素不少于 k 个。

参数：

（1）pop 为一个组合数据类型，如集合、列表、元组、字符串等；

（2）k 为一个整数。

用法举例如下。

```
>>> from random import *
>>> sample({1,2,3,4,5,6},3)
[2,6,5]
>>> sample([1,2,3,4,5,6],3)
[3,2,5]
>>> sample((1,2,3,4,5,6),3)
[6, 3, 2]
>>> sample("123456",3)
['1','2','5']
```

**例 7-4** 计算 π。

【问题分析】

这是一个采用蒙特卡罗（Monte Carlo）方法计算圆周率（π）的实例。

π 是数学和物理学中的一个常数，表示一个标准圆的周长与直径之比。π 是一个无理数，即无限不循环小数。精确求解 π 是几何学、物理学和很多工程学科的关键。

对 π 的精确求解曾经是数学领域一直难以解决的问题，因为 π 无法用任何精确公式表示。在电子计算机出现以前，π 只能通过一些近似公式求解得到。直到 1948 年，人类才以人工计算方式得到 π 的 808 位精确小数。

迄今为止，求解圆周率较好的方法是利用 BBP 公式（Bailey-Borwein-Plouffe formula，贝利-博温-普劳夫公式），该公式如下。

---

$$\pi = \sum_{k=0}^{\infty} \frac{1}{16^k}\left(\frac{4}{8k+1} - \frac{2}{8k+4} - \frac{1}{8k+5} - \frac{1}{8k+6}\right) \qquad (7\text{-}1)$$

计算机出现后，数学家找到了求解 π 的另一方法：蒙特卡罗方法。该方法又称为随机抽样或统计试验方法。该方法属于计算数学范畴，其能够真实地模拟实际物理过程，因此，可以得到理想的结果。蒙特卡罗方法广泛应用于数学、物理学和工程领域。

蒙特卡罗方法的基本思想：当要求解的问题是某种事件出现的概率，或者是某个随机变量的期望值时，我们可以通过某种"试验"方法得到这种事件出现的频率或这个随机变量的平均值，并将它们作为问题的解。

应用蒙特卡罗方法求解 π 的基本步骤如下：随机向图 7-8 所示的单位正方形和圆结构抛洒大量"飞镖"点，计算每个点到圆心的距离，从而判断该点在圆内或在圆外，用圆内的点数除以总点数就得到 π/4 的值。随机点数量越多，越充分覆盖整个图形，计算得到的 π 的值就越精确。实际上，这个方法的思想是利用离散点值表示图形的面积，通过面积比例来求解 π。

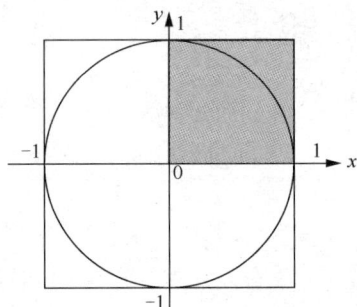

图 7-8  计算 π 使用的正方形和圆形

为了简化计算，一般利用图形的 1/4 求解 π，如图 7-9 所示。该问题的 IPO 表示如下。

输入：抛点数。

处理：计算每个点到圆心的距离，统计圆内点的数量。

输出：π 的值。

随机点数 DARTS = 1000，π=3.144

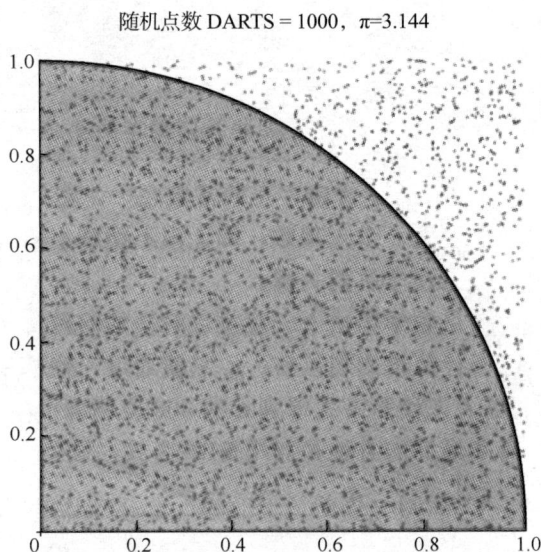

图 7-9  计算 π 使用的 1/4 区域和抛点过程

【问题解答】

采用蒙特卡罗方法求解 π 的 Python 程序如下。

```python
from random import random
from math import sqrt
from time import clock
DARTS=1000
hits=0.0
clock()
for i in range(1, DARTS+1):
    x, y=random(), random()
    dist=sqrt(x**2+y**2)
    if dist<=1.0:
        hits=hits+1
pi=4*(hits/DARTS)
print("Pi 值是{}".format(pi))
print("运行时间是{:.5f}s".format(clock()))
```

上述代码中，random()函数随机返回一个[0,1]内的浮点数，用两个随机数给出随机抛点的坐标；sqrt()函数来自数学库 math，用来求解输入数据的平方根；第一次调用 clock()函数启动一个新的计时器，第二次调用 clock()函数返回启动计时器后的运行时间；DARTS 表示抛点数，初始值设置为 1000。该程序的运行结果如下。

```
>>>
Pi 值是3.144
运行时间是 0.016477s
```

计算得到的 π 为 3.144，与大家熟知的 3.1415 相差较远，原因是 DARTS 值较小，无法更精确地刻画面积的比例关系。表 7-6 列出了不同 DARTS 值下该程序的运行情况。

**表 7-6 不同 DARTS 值下该程序的运行情况**

| DARTS 值 | π | 运行时间 |
|---|---|---|
| $2^{10}$ | 3.109375 | 0.011s |
| $2^{11}$ | 3.138671 | 0.012s |
| $2^{12}$ | 3.150390 | 0.014s |
| $2^{13}$ | 3.143554 | 0.018s |
| $2^{14}$ | 3.141357 | 0.030s |
| $2^{15}$ | 3.147827 | 0.049s |
| $2^{16}$ | 3.141967 | 0.116s |
| $2^{18}$ | 3.144577 | 0.363s |
| $2^{20}$ | 3.1426696777 | 1.255s |
| $2^{25}$ | 3.1416978836 | 40.13s |

可以看到，随着 DARTS 值的增大，当达到 $2^{20}$ 数量级时，π 的值就相对准确了。进一步增大 DARTS 值，能够进一步增加 π 的精度。

本节以 π 的计算为例，重点讲解蒙特卡罗方法，希望读者能够将该方法运用到其他工程问题中。当然，求解 π 也可以使用 BBP 公式，请读者根据该公式编写代码，求出 π 的值。

## 7.4 math 库

本节介绍常用的 Python 函数库——math 库。

### 7.4.1 math 库概述

math 库是 Python 提供的内置数学类函数库。math 库不支持复数运算，仅支持整数运算和浮点数运算。math 库一共提供了 4 个数学常数和 44 个函数。这 44 个函数可分为 4 类，即 16 个数值表示函数、8 个幂对数函数、16 个三角运算函数和 4 个高等特殊函数。

math 库中的函数较多，在学习过程中逐个理解函数功能，记住个别常用函数即可。

需要注意的是，math 库中的函数不能直接调用，需要先使用关键字 import 导入该库。导入 math 库的两种方式如下。

方式一如下。

```
import math
```

对 math 库中的函数采用 math.<b>()形式调用。例如如下代码。

```
>>> import math
>>> math.ceil(8.3)
9
```

方式二如下。

```
from math import <函数名>
```

对 math 库中的函数可以直接采用<函数名>()形式调用。例如如下代码。

```
>>> from math import floor
>>> floor(8.3)
8
```

第二种方式的另一种形式是 from math import *。如果采用这种方式导入 math 库，math 库中的所有函数都可以通过<函数名>()形式直接调用。

### 7.4.2 math 库中的 4 个数学常数和 4 类函数

math 库包括 4 个数学常数，如表 7-7 所示。

表 7-7　math 库的数学常数

| 常数 | 数学表示 | 描述 |
| --- | --- | --- |
| math.pi | π | 圆周率，值约为 3.141592653589793 |
| math.e | e | 自然对数的底数，值约为 2.718281828459045 |
| math.inf | ∞ | 正无穷大。负无穷大为-math.inf |
| math.nan | — | 非浮点数标记，值为 NaN（Not a Number） |

math 库包括 16 个数值表示函数，如表 7-8 所示。

**表 7-8  math 库的数值表示函数**

| 函数 | 数学表示 | 描述 |
|---|---|---|
| math.fabs(x) | $\|x\|$ | 返回 x 的绝对值 |
| math.fmod(x, y) | $x\%y$ | 返回 x 与 y 的模 |
| math.fsum([x,y,⋯]) | $x+y+\cdots$ | 对浮点数精确求和 |
| math.ceil(x) | $\lceil x \rceil$ | 向上取整，返回不小于 x 的最小整数 |
| math.floor(x) | $\lfloor x \rfloor$ | 向下取整，返回不大于 x 的最大整数 |
| math.factorial(x) | $x!$ | 返回 x 的阶乘，如果 x 是小数或负数就返回 ValueError |
| math.ged(a, b) | — | 返回 a 与 b 的最大公约数 |
| math.frexp(x) | $x=m\times2^e$ | 返回(m,e)。当 x=0 时，返回(0.0,0) |
| math.ldexp(x, i) | $x\times2^i$ | 返回 x*(2**i)的值，是 math.frexp(x)函数的反运算 |
| math.modf(x) | — | 返回 x 的整数和小数部分 |
| math.trunc(x) | — | 返回 x 的整数部分 |
| math.copysign(x, y) | $\|x\|\times\|y\|/y$ | 用数值 y 的正负号替换数值 x 的正负号 |
| math.isclose(a,b) | — | 比较 a 和 b 的相似性，返回 True 或 False |
| math.isfinite(x) | — | 当 x 不是无穷大或 NaN 时，返回 True，否则返回 False |
| math.isinf(x) | — | 当 x 为正负无穷大时，返回 True，否则返回 False |
| math.isnan(x) | — | 当 x 是 NaN 时，返回 True，否则返回 False |

math.fsum([x,y,⋯])函数在求和运算中十分有用，参考以下示例。

```
>>> 0.1+0.2+0.3
0.6000000000000001
>>> import math
>>> math.fsum([0.1, 0.2, 0.3])
0.6
```

浮点数（如 0.1、0.2 和 0.3）在 Python 解释器内部表示时存在一个小数点后若干位的精度尾数。当浮点数参与运算时，这个精度尾数可能会影响输出结果。因此，在涉及浮点数运算和结果比较时，建议采用 math 库提供的函数，而不直接使用 Python 提供的运算符。

math 库包括 8 个幂对数函数，如表 7-9 所示。

**表 7-9  math 库的幂对数函数**

| 函数 | 数学表示 | 描述 |
|---|---|---|
| math.pow(x,y) | $x^y$ | 返回 x 的 y 次幂 |
| math.exp(x) | $e^x$ | 返回 e 的 x 次幂，e 是自然对数的底数 |
| math.expml(x) | $e^x-1$ | 返回 e 的 x 次幂减 1 的值 |
| math.sqrt(x) | $\sqrt{x}$ | 返回 x 的平方根 |
| math.log(x[,base]) | $\log_{base}x$ | 返回 x 的以 base 为底的对数值；只输入 x 时，返回自然对数（即 ln$x$）的值 |
| math.loglp(x) | $\ln(1+x)$ | 返回(1+x)的自然对数值 |
| math.log2(x) | $\log_2x$ | 返回 x 的以 2 为底的对数值 |
| math.log10(x) | $\log_{10}x$ | 返回 x 的以 10 为底的对数值 |

math 库没有提供直接支持 $\sqrt[y]{x}$ 运算的函数，但可以根据公式 $\sqrt[y]{x} = x^{1/y}$，采用 math.pow() 函数求解，参考以下示例。

```
>>> math.pow(10,1/3)
2.154434690031884
```

math 库包含 16 个三角运算函数，如表 7-10 所示。

表 7-10　math 库的三角运算函数

| 函数 | 数学表示 | 描述 |
| --- | --- | --- |
| math.degrees(x) | — | 角度 x 的弧度值转角度值 |
| math.radians(x) | — | 角度 x 的角度值转弧度值 |
| math.hypot(x,y) | $\sqrt{x^2+y^2}$ | 返回坐标点(x,y)到原点(0,0)的距离 |
| math.sin(x) | $\sin x$ | 返回 x 的正弦函数值，x 是弧度值 |
| math.cos(x) | $\cos x$ | 返回 x 的余弦函数值，x 是弧度值 |
| math.tan(x) | $\mathrm{Tan}x$ | 返回 x 的正切函数值，x 是弧度值 |
| math.asin(x) | $\arcsin x$ | 返回 x 的反正弦函数值，x 是弧度值 |
| math.acos(x) | $\arccos x$ | 返回 x 的反余弦函数值，x 是弧度值 |
| math.atan(x) | $\arctan x$ | 返回 x 的反正切函数值，x 是弧度值 |
| math.atan2(y,x) | $\arctan y/x$ | 返回 y/x 的反正切函数值，x 是弧度值 |
| math.sinh(x) | $\sinh x$ | 返回 x 的双曲正弦函数值 |
| math.cosh(x) | $\cosh x$ | 返回 x 的双曲余弦函数值 |
| math.tanh(x) | $\tanh x$ | 返回 x 的双曲正切函数值 |
| math.asinh(x) | $\mathrm{arcsinh}x$ | 返回 x 的反双曲正弦函数值 |
| math.acosh(x) | $\mathrm{arccosh}x$ | 返回 x 的反双曲余弦函数值 |
| math. atanh(x) | $\mathrm{arctanh}x$ | 返回 x 的反双曲正切函数值 |

arctan1 的值是 $\pi/4$，利用 math 库的 atan() 函数可得到 $\pi$ 的值，代码如下。

```
>>> math.atan(1)*4
3.141592653589793
```

math 库的高等特殊函数共 4 个，如表 7-11 所示。

表 7-11　math 库的高等特殊函数

| 函数 | 数学表示 | 描述 |
| --- | --- | --- |
| math.erf(x) | $\dfrac{2}{\sqrt{\pi}}\displaystyle\int_0^x e^{-t^2}\,\mathrm{d}t$ | 高斯误差函数，应用于概率论、统计学等领域 |
| math.erfc(x) | $\dfrac{2}{\sqrt{\pi}}\displaystyle\int_x^\infty e^{-t^2}\,\mathrm{d}t$ | 余补高斯误差函数，math.erfc(x)=1-math.erf(x) |
| math.gamma(x) | $\displaystyle\int_0^\infty x^{t-1}e^{-x}\,\mathrm{d}x$ | 伽马（Gamma）函数，也叫作欧拉第二积分函数 |
| math.lgamma(x) | $\ln\left(\displaystyle\int_0^\infty x^{t-1}e^{-x}\,\mathrm{d}x\right)$ | 返回伽马函数在 x 绝对值的自然对数 |

**例 7-5** 编程计算"天天向上"的力量。

【问题分析】

"好好学习,天天向上"是激励一代代中国人奋发图强的经典语句。那么"天天向上"的力量有多强大呢?这里使用 math 库中的函数来演算。

例如,一年 365 天,以第 1 天的能力值为基数,记为 1.0。当好好学习(努力)时,能力值相比前一天提高 1‰;当没有学习(放任)时,能力值相比前一天下降 1‰。每天努力和每天放任,一年下来的能力值相差多少呢?

【问题解答】

根据题目,"天天向上"的力量是 $(1+0.001)^{365}$,相反则是 $(1-0.001)^{365}$,程序如下。

```
import math
dayup=math.pow((1.0+0.001),365)      #提高 0.001
daydown=math.pow((1.0-0.001),365)    #下降 0.001
print("向上: {:.2f}, 向下: {:.2f}".format(dayup, daydown))
```

程序运行结果如下。可见,每天提高 1‰,一年下来能力值将提高 44%。感觉能力值改变不多,下面我们继续分析。

```
>>>
向上: 1.44, 向下: 0.69
```

再如,一年 365 天,当好好学习时,能力值相比前一天提高 5‰;当没有学习时,能力值相比前一天下降 5‰,两者效果相差多少呢?

"天天向上"的力量是 $(1+0.005)^{365}$,相反则是 $(1-0.005)^{365}$,程序如下。

```
import math
dayup=math.pow((1.0+0.005),365)      #提高 0.005
daydown=math.pow((1.0-0.005),365)    #下降 0.005
print("向上: {:.2f}, 向下: {:.2f}".format(dayup, daydown))
```

程序运行结果如下。可见,每天提高 5‰,一年下来能力值将变为原来的 6 倍多。

```
>>>
向上: 6.17, 向下: 0.16
```

# 本章小结

本章主要讲解了 3 个重要的 Python 标准库:turtle 库、random 库和 math 库。这 3 个标准库分别用于基本图形绘制、随机数运用和数学问题处理。

# 扩展阅读

Python 标准库是 Python 提供的一系列内置模块,涵盖了许多常用的编程功能,如文件操作、网络编程、日期和时间处理、加密解密、数据压缩等。但是,标准库并不一定包含所有你需要的功能,因此你可能需要使用第三方库或编写自己的扩展来完成项目。

Python 标准库的扩展可以通过多种方式实现,例如通过 C 扩展、通过 Python 的 ctypes 库实现对 C 代码的封装、通过 Cython 库实现对 C 代码的快速编译等。其中，C 扩展是最常用的方法之一。C 扩展是通过编写 C 或 C++代码来扩展 Python 标准库的功能。C 代码可以直接调用底层的操作系统 API 或硬件资源，从而实现更高效的操作。同时，C 代码可以通过 Python 提供的 API 与 Python 代码进行交互，从而使 C 代码可作为 Python 模块来使用。

Python 标准库的扩展还可以通过第三方库来实现。Python 有许多被广泛使用的第三方库，例如 NumPy、Pandas、Requests 等，这些库都提供了丰富的功能和高效的实现。使用这些库可以极大提高开发效率，减少代码量，避免重复"造轮子"。

除了使用第三方库，还可以编写自己的扩展来实现需要的功能。Python 提供了许多开发工具，如 setuptools、distutils 等，用于编写和分发 Python 扩展。通过这些工具，可以将自己编写的扩展打包成 Python 模块，供其他开发者使用。

总之，Python 标准库是一个强大的工具，但并不一定满足所有需求。通过 C 扩展、第三方库或自己编写的扩展，可以实现更多的功能，提高开发效率。

# 本章习题

## 一、选择题

1. 设置 turtle 库窗口大小的函数是（　　　）。

    A. turtle.setup()　　　B. turtle.window()　　　C. turtle.shape()　　　D. turtle.pensize()

2. 在 turtle 库坐标系中，原点(0,0)位于窗口的（　　　）。

    A. 左下角　　　　B. 正中央　　　　C. 左上角　　　　D. 右上角

3. random 库中用于实现从一个序列类型中返回一个元素的函数是（　　　）。

    A. shuffle()　　　B. choice()　　　C. getrandbits()　　　D. sample()

4. random.uniform(a,b)的作用是（　　　）。

    A. 生成一个[a,b]内的随机整数

    B. 生成一个[a,b]内的随机小数

    C. 生成一个均值为 a、方差为 b 的正态分布

    D. 生成一个(a,b)内的随机数

5. random 库中的 random()函数的作用是（　　　）。

    A. 生成随机数 $x$ 且 $0 \leqslant x < 100$，$x$ 为整数　　　B. 生成随机数 $x$ 且 $0.0 \leqslant x < 10.0$

    C. 将列表中的元素顺序打乱并重新排列　　　D. 生成随机数 $x$ 且 $0.0 \leqslant x < 1.0$

6. 以下对 turtle 库最合适的描述是（　　　）。

    A. 绘图库　　　　B. 数值计算库　　　　C. 爬虫库　　　　D. 时间库

7. 将画笔移动 x 像素的语句是（　　　）。

    A. turtle.forward(x)　B. turtle.circle(x)　　C. turtle.right(x)　　D. turtle.left( x)

8. turtle.circle(50, 180)的执行效果是（　　　）。

    A. 绘制一个半径为 50 像素的圆

    B. 绘制一个半径为 50 像素的半圆

    C. 绘制一个半径为 50 像素的圆，分 3 次画完

    D. 绘制一个半径为 50 像素的圆

9. turtle.reset()的作用是（　　　）。

    A. 撤销上一个动作

    B. 清空画笔的状态

    C. 清空当前窗口，并重置画笔位置等为默认值

    D. 设置 turtle 图形可见

10. 设置画笔向左前方移动的函数是（　　　）。

    A. turtle.left()　　　　　　　　　　B. turtle.left()和 turtle.fd()

    C. turtle.penup()和 turtle.fd()　　　D. turtle.circle()和 turtle.penup()

## 二、编程题

1. 使用 turtle 库绘制一个蜂窝状正六边形。

2. 使用 turtle 库绘制一组半径分别为 10、40、80 和 160 像素的同切圆。

3. 利用 random 库生成一个包含 10 个 0～100 内随机整数的列表。

4. 编写一个"猜数字游戏"的程序，在 1～1000 内随机产生一个数，然后请用户循环猜这个数字，程序对每个错误答案只回答"猜大了"或"猜小了"，直到猜对为止，输出"猜对了"和用户的猜测次数。

# 第8章 第三方库

Python 除了拥有简洁易用的标准库，还拥有第三方库。Python 常用的第三方库包含用于中文分词的 jieba 库、用于文字数据展示的 wordcloud 库、数据可视化工具 Matplotlib 库、机器学习及人工智能相关的库等，第三方库下载后需要安装到 Python 的安装目录下，不同第三方库的安装及使用方法可能不同。

学习目标：

（1）了解第三方库的安装方法；

（2）了解 jieba 库的使用方法，掌握中文分词的步骤；

（3）了解 wordcloud 库的基本功能及使用方法。

## 8.1 第三方库的安装

Python 有超过 12 万个第三方库，几乎覆盖信息技术的所有领域，如网络爬虫、自动化、数据分析与可视化、Web 开发应用、机器学习等。

Python 第三方库的安装方法有多种，常用的有使用 pip 工具安装、下载安装文件离线安装等方法。

### 8.1.1 使用 pip 工具安装

pip 是 Python 包管理工具。作为由 Python 官方提供并维护的在线第三方库安装工具，它提供了对 Python 包的查找、下载、安装、卸载等功能。pip3 是专门用于在 Python 3.x 环境中安装第三方库的安装工具，可以代替 pip 工具，两者功能基本相同。本小节使用 pip 工具安装第三方库。

在成功安装 Python 环境之后，使用以下命令可以判断是否已安装 pip 工具。

```
pip --version                        #Python 2.x版本命令
pip3 --version                       #Python 3.x版本命令
```

示例如下。

```
C:\Users\Administrator>pip --version          #Python 2.x
pip 22.0.4 from c:\users\administrator\appdata\local\programs\python\python37\lib\
site-packages\pip (python 3.7)
C:\Users\Administrator>pip3 --version          #Python 3.x
pip 22.0.4 from c:\users\administrator\appdata\local\programs\python\python37\lib\
site-packages\pip (python 3.7)
```

pip 工具的常用命令有以下几个。

下载安装工具命令：pip install 工具包的名称，如 pip install requests。

卸载安装工具命令：pip uninstall 工具包的名称，如 pip uninstall requests。

查询已经安装的工具包命令：pip list。示例如下。

```
C:\Users\Administrator>pip list
Package         Version
----------      -------
labelImg        1.8.6
lxml            4.8.0
pip             22.0.4
PyQt5           5.15.6
PyQt5-Qt5       5.15.2
PyQt5-sip       12.9.1
setuptools      40.6.2
```

查看帮助命令：pip 或 pip --help。示例如下。

```
C:\Users\Administrator>pip --help
Usage:
  pip <command> [options]
Commands:
  install      Install packages.
  download     Download packages.
  uninstall    Uninstall packages.
  freeze       Output installed packages in requirements format.
  list         List installed packages.
  show         Show information about installed packages.
  check        Verify installed packages have compatible dependencies.
  config       Manage local and global configuration.
  search       Search PyPI for packages.
  cache        Inspect and manage pip's wheel cache.
  index        Inspect information available from package indexes.
  wheel        Build wheels from your requirements.
  hash         Compute hashes of package archives.
  completion   A helper command used for command completion.
  debug        Show information useful for debugging.
  help         Show help for commands.
...
```

使用 pip 工具是安装 Python 第三方库的主要方法，使用该方法可以成功安装大部分第三方库。由于某些限制，可能存在无法使用 pip 工具安装 Python 第三方库的情况，此时就需要采用其他安装方法。

pip 工具默认通过国外的 PyPi 服务器下载第三方库的安装文件，速度慢且经常容易报错，因此这里推荐读者使用国内常用的安装源，例如清华大学、中国科技大学、阿里云等机构提供的第三方库工具安装文件。如果需要，请通过网络查询具体情况。

### 8.1.2 下载安装文件离线安装

Python 的某些第三方库仅提供源代码，通过 pip 工具下载文件后无法在 Windows 操作系统中编译安装，导致第三方库安装失败。在 Windows 操作系统下无法安装第三方库的问题大多数属于这一类。为了解决这类第三方库安装问题，美国加州大学尔湾分校提供了一个页面，帮助 Python 用户获得 Windows 操作系统下可直接安装第三方库的安装文件。如果需要下载第三方库的安装文件，请通过网络查询第三方库下载网址。例如，清华镜像地址列出了一批用 pip 工具安装时可能会出现问题的第三方库，这里以 NumPy 库为例进行说明。

在上述网站页面中找到 NumPy 库对应的内容，部分内容如下。

NumPy: a fundamental package needed for scientific computing with Python. Numpy+MKL is linked to the Intel Math Kernel Library and includes required DLLs in the numpy.DLLs directory. Numpy+Vanilla is a minimal distribution, which does not include any optimized BLAS libray or C runtime DLLs.

…

numpy-1.19.5+vanilla-cp36-cp36m-win_amd64.whl

numpy-1.19.5+vanilla-cp36-cp36m-win32.whl

numpy-1.19.5+mkl-cp36-cp36m-win_amd64.whl

numpy-1.19.5+mkl-cp36-cp36m-win32.whl

numpy-1.16.6+vanilla-cp35-cp35m-win_amd64.whl

numpy-1.16.6+vanilla-cp35-cp35m-win32.whl

numpy-1.16.6+vanilla-cp34-cp34m-win_amd64.whl

numpy-1.16.6+vanilla-cp34-cp34m-win32.whl

…

这些文件的命名方式是"第三方库名-版本号-适用 Python 解释器的版本-适用 Python 解释器的版本-适用操作系统.whl"。

下载其中的"numpy-1.16.6+vanilla-cp35-cp35m-win_amd64.whl"文件，这里下载的是适用于 Python 3.5 的解释器和 Windows 64 位操作系统的对应文件，使用管理员权限执行 pip 命令安装该文件。这里的具体安装位置可根据之前介绍的安装位置调试命令进行选择。

```
>pip install D:\pycodes\ numpy-1.16.6+vanilla-cp35-cp35m-win_amd64.whl
```

## 8.2 jieba 库

中文分词指的是将中文语句切分成一个一个单独的词语，即将连续的汉字序列按照一定的规范重新组合成词序列。

jieba 库是一款开源库，其常用作中文分词第三方库。jieba 库主要应用于中文分词，具有性能高、准确率高、可扩展等特点。除了中文分词之外，jieba 库还能实现关键词抽取、词频统计等。

### 8.2.1 安装 jieba 库

jieba 库的安装方法有两种：全自动安装方法和半自动安装（文件安装）方法。两种安装方法有不同的环境要求，推荐使用全自动安装方法。

**1. 全自动安装方法**

打开命令提示符窗口，执行下列命令。

```
pip install jieba
```

安装示例如下。

```
C:\Users\Administrator>pip install jieba
Collecting jieba
  Downloading jieba-0.42.1.tar.gz (19.2 MB)
     ---------------------------------------- 19.2/19.2 MB 3.9 MB/s eta 0:00:00
  Preparing metadata (setup.py) ... done
  Using legacy 'setup.py install' for jieba, since package 'wheel' is not installed.
  Installing collected packages: jieba
  Running setup.py install for jieba ... done
  Successfully installed jieba-0.42.1

C:\Users\Administrator>
```

### 2．半自动安装方法

先从官网下载 jieba 库的源文件 jieba-0.42.1.tar.gz，保存到本地计算机，解压到"D:\python\"。
打开命令提示符窗口，开始安装。

```
>D:                                #进入 D 盘
>cd D:\python\jieba-0.42.1         #进入 setup.py 所在的文件夹
>python setup.py install           #运行 setup.py 程序
```

测试是否安装成功。

```
>python                            #进入 Python 界面
>>>import jieba                    #导入 jieba 库，若没有显示错误，则说明安装成功
```

## 8.2.2　中文分词

使用 jieba 库进行中文分词有以下 3 种模式。

精确模式：把文本精确地切分开，只输出最大概率组合，不存在冗余词语。例如，"我来自北京大学"会被切分成"我/来自/北京大学"。

全模式：把文本中所有可能的词语都扫描出来，可能存在冗余词语，不能解决词语歧义问题。例如，"我来自北京大学"可能会被切分成"我/来自/北京/北京大学/大学"。

搜索引擎模式：在精确模式的基础上，对长词再次切分，适用于搜索引擎分词。

部分 jieba 库函数如表 8-1 所示。

表 8-1　部分 jieba 库函数

| 函数 | 描述 |
| --- | --- |
| jieba.cut(s) | 精确模式，返回一个可迭代的数据类型 |
| jieba.cut(s, cut_all=True) | 全模式，输出文本 s 中所有可能的词语 |
| jieba.cut_for_search(s) | 搜索引擎模式，适合搜索引擎建立索引的分词 |
| jieba.lcut(s) | 精确模式，返回一个列表类型。建议使用 |
| jieba.lcut(s, cut_all=True) | 全模式，返回一个列表类型。建议使用 |
| jieba.lcut_for_search(s) | 搜索引擎模式，返回一个列表类型。建议使用 |
| jieba.add_word(w) | 向分词词典中增加新词语 w |
| jieba.del_word(w) | 从分词词典中删除词语 w |

jieba.cut(s, cut_all=True)接收两个输入参数，参数 s 为待分词的字符串，参数 cut_all 用来控制是否采用全模式，默认值为 True。

---

待分词的字符串可以是 GBK 字符串、UTF-8 字符串或者 Unicode 字符串。

---

jieba.cut()及 jieba.cut_for_search()返回的结构都是可迭代的 generator。我们可以使用 for 循环来获得分词后的每一个词语（Unicode），也可以用 list(jieba.cut(…))将结果转换为列表类型的数据。分词示例如下。

```
>>> import jieba
>>> seg=jieba.cut("我来自北京清华大学",cut_all=True)
>>> print(seg)
<generator object Tokenizer.cut at 0x0000015E50D52D68>
>>> print("全模式: ", "/".join(seg))
Building prefix dict from the default dictionary ...
Dumping model to file cache C:\Users\ADMINI~1\AppData\Local\Temp\jieba.cache
Loading model cost 1.141 seconds.
Prefix dict has been built successfully.
全模式: 我/来自/北京/清华/清华大学/华大/大学
```

jieba.cut(s)接收一个输入参数，参数 s 为待分词的字符串，采用精确模式。分词示例如下。

```
>>> import jieba
>>> seg=jieba.cut("小王毕业于中国科学技术大学")
>>> print("精确模式: ", "/".join(seg))
精确模式: 小王/毕业/于/中国/科学技术/大学
```

jieba.lcut(s)接收一个输入参数，参数 s 为待分词的字符串，采用精确模式，返回结果是列表类型的数据，将中文语句分解成等量的中文词组。分词示例如下。

```
>>> import jieba
>>> ls=jieba.lcut("我参加了全国计算机等级考试Python科目")
>>> type(ls)
<class 'list'>
>>> print(ls)
['我', '参加', '了', '全国', '计算机', '等级', '考试', 'Python', '科目']
>>>
```

jieba.lcut(s,cut_all=True)接收两个输入参数，参数 s 为待分词的字符串，参数 cut_all 用来控制是否采用全模式（默认值为 True），返回结果是列表类型的数据，将中文语句分解成超量的中文词组。

```
>>> import jieba
>>> ls=jieba.lcut("我参加了全国计算机等级考试Python科目", cut_all=True)
>>> type(ls)
<class 'list'>
>>> print(ls)
['我', '参加', '了', '全国', '国计', '计算', '计算机', '算机', '等级', '考试', 'Python', '科目']
>>>
```

jieba.add_word(w)用于将新词语 w 添加到分词词库中。添加新的词语之后，当遇到该词语时，将不再切分。

下列分词示例中，将词语"全国计算机等级考试"添加到分词词库中，在精确模式下将不再对该词语进行切分，在全模式下仍要再次切分。

```
>>> import jieba
>>> jieba.add_word("全国计算机等级考试")
>>> ls=jieba.lcut("我参加了全国计算机等级考试 Python 科目")
>>> print(ls)
['我', '参加', '了', '全国计算机等级考试', 'Python', '科目']
>>> ls=jieba.lcut("我参加了全国计算机等级考试 Python 科目", cut_all=True)
>>> print(ls)
['我', '参加', '了', '全国', '全国计算机等级考试', '国计', '计算', '计算机', '算机', '等级', '考试', 'Python', '科目']
>>>
```

**例 8-1** 对变量 words 对应的中文语句分词，统计每个词语出现的次数，按照次数从多到少对词语进行排序，输出前 10 个词语。

words="在人类的发展历史中，人们为了传达信息、表达思想、交流情感，逐渐发明了各种语言，如汉语、英语等，这些人类进行交流所用的语言称为自然语言。世界上第一台通用计算机 ENIAC 诞生以来，计算机的发展已历经半个多世纪。在这一过程中，为了能够更好、更有效地与计算机进行通信，指挥其为人类工作，人们同样发明、设计出许多专门与计算机进行交流的语言，这些语言称为程序设计语言。程序设计语言相较于自然语言，使用的词汇不多、语法简单、语义清晰，便于人们使用其去控制计算机。"

【问题分析】

在应用 jieba 库对该字符串进行分词之后，使用字典类型变量保存每个词语及其出现的次数，其中的键是词语，值是该词语出现的次数。按照值对字典的各个元素从大到小排序，可以得到期望的结果。

> ✒️**注意** 部分中文标点符号有可能会被判断为中文词语，需要剔除；另外，一般情况下单字词语也需要剔除。

【问题解答】

```
import jieba
#待分词的字符串
words="在人类的发展历史中，人们为了传达信息、表达思想、交流情感，逐渐发明了各种语言，如汉语、英语等，这些人类进行交流所用的语言称为自然语言。世界上第一台通用计算机 ENIAC 诞生以来，计算机的发展已历经半个多世纪。在这一过程中，为了能够更好、更有效地与计算机进行通信，指挥其为人类工作，人们同样发明、设计出许多专门与计算机进行交流的语言，这些语言称为程序设计语言。程序设计语言相较于自然语言，使用的词汇不多、语法简单、语义清晰，便于人们使用其去控制计算机。"
#精确模式，中文分词
ls=jieba.lcut(words)
#使用字典类型统计词频，同时排除标点符号和单字词语
counts={}
for item in ls:
    if item in "，。、":
        continue
    if len(item)==1:
```

```
        continue
    counts[item]=counts.get(item, 0)+1
#按照词语出现次数从多到少排序
items=list(counts.items())
items.sort(key=lambda x:x[1], reverse=True)
#输出前10个词语
for i in range(10):
    word, num=items[i]
    print(word,"---",num)
```

运行结果如下。

```
>>>
=============== RESTART: C:/Users/Administrator/Desktop/ssss.py ===============
Building prefix dict from the default dictionary ...
Loading model from cache C:\Users\ADMINI~1\AppData\Local\Temp\jieba.cache
Loading model cost 1.003 seconds.
Prefix dict has been built successfully.
语言 --- 6
计算机 --- 4
人类 --- 3
人们 --- 3
交流 --- 3
进行 --- 3
发展 --- 2
为了 --- 2
发明 --- 2
这些 --- 2
>>>
```

### 8.2.3  词性标注

中文分词后可对每个词语的词性进行标注。根据 ICTCLAS 标记法的部分词性分类示例如表 8-2 所示。

表 8-2  根据 ICTCLAS 标记法的部分词性分类示例

| 标识 | 种类 | 示例 |
| --- | --- | --- |
| a | 形容词 | 高、明、尖、诚、粗陋、冗杂、丰盛、顽皮、很贵、挺好用 |
| b | 区别词 | 劣等、洲际性、超常规、同一性、年级、非农业、二合一 |
| c | 连词 | 再者说、倘、只此、或曰、以外、换句话说、虽是、除非 |
| d | 副词 | 绝对、极度、十分、务必、逐行、挨边 |
| e | 叹词 | 好哟、嘎、天呀、哎、哇呀、啊哈、嗳、诶、嗬、鸣呼 |
| f | 方位词 | 内侧、面部、后侧、面前、沿街、之内、两岸、里 |
| i | 成语、惯用语 | 绿荫蔽日、震耳欲聋、沧海一粟、一望无边、为尊者讳 |
| m | 数词 | 九六、十二、半成、戊酉、俩、一二三四五、丙戌、片片 |
| mq | 数量词 | 半年度、四方面、十付、三色、一口钟、四面、三分钟 |
| n | 名词 | 男性、娇子、气压、写实性、联立方程、商业智能、寒窗 |

对中文语句"今天天气真好"进行分词和词性标注。

```
>>> import jieba.posseg
>>> words=jieba.posseg.cut("今天天气真好啊！")
>>> type(words)
<class 'generator'>
>>> for w in words:
        print(w.word, w.flag)


今天天气 i
真 d
好 a
>>>
```

## 8.3 wordcloud 库

文字数据的展示方式有多种，例如将文字数据展示为图片，可以增强展示效果。词云以词语为基本单位，根据出现频率，以不同大小和位置将词语展示在图片中，达到直观和富有艺术性地展示文本的目的。

wordcloud 库是专门根据文本生成词云的 Python 第三方库。它可以根据中文语句或者英文语句生成词云图片，展示语句中的关键词语。

### 8.3.1 安装 wordcloud 库

采用全自动安装方法安装 wordcloud 库，打开命令提示符窗口，执行下列命令。

```
pip install wordcloud
```

安装示例（自动安装了一些环境支撑库工具）如下。

```
C:\Users\Administrator>pip install wordcloud
Collecting wordcloud
  Downloading wordcloud-1.8.1-cp37-cp37m-win_amd64.whl (154 KB)
     -------------------------------------- 154.6/154.6 KB 1.0 MB/s eta 0:00:00
Collecting matplotlib
  Downloading matplotlib-3.5.1-cp37-cp37m-win_amd64.whl (7.2 MB)
     -------------------------------------- 7.2/7.2 MB 3.2 MB/s eta 0:00:00
Collecting numpy>=1.6.1
  Downloading numpy-1.21.5-cp37-cp37m-win_amd64.whl (14.0 MB)
     -------------------------------------- 14.0/14.0 MB 2.0 MB/s eta 0:00:00
Collecting pillow
  Downloading pillow-9.0.1-cp37-cp37m-win_amd64.whl (3.2 MB)
     -------------------------------------- 3.2/3.2 MB 2.2 MB/s eta 0:00:00
Collecting pyparsing>=2.2.1
  Downloading pyparsing-3.0.7-py3-none-any.whl (98 KB)
     -------------------------------------- 98.0/98.0 KB 1.9 MB/s eta 0:00:00
Collecting fonttools>=4.22.0
  Downloading fonttools-4.30.0-py3-none-any.whl (898 KB)
     -------------------------------------- 898.1/898.1 KB 2.2 MB/s eta 0:00:00
Collecting cycler>=0.10
```

```
  Downloading cycler-0.11.0-py3-none-any.whl (6.4 KB)
Collecting python-dateutil>=2.7
  Downloading python_dateutil-2.8.2-py2.py3-none-any.whl (247 KB)
     -------------------------------- 247.7/247.7 KB 1.7 MB/s eta 0:00:00
Collecting packaging>=20.0
  Downloading packaging-21.3-py3-none-any.whl (40 KB)
     -------------------------------- 40.8/40.8 KB 953.4 kB/s eta 0:00:00
Collecting kiwisolver>=1.0.1
  Downloading kiwisolver-1.3.2-cp37-cp37m-win_amd64.whl (51 KB)
     -------------------------------- 51.6/51.6 KB 880.1 kB/s eta 0:00:00
Collecting six>=1.5
  Downloading six-1.16.0-py2.py3-none-any.whl (11 KB)
Installing collected packages: six, pyparsing, pillow, numpy, kiwisolver, fonttools, cycler,
python-dateutil, packaging, matplotlib, wordcloud
Successfully installed cycler-0.11.0 fonttools-4.30.0 kiwisolver-1.3.2 matplotlib-3.5.1
numpy-1.21.5 packaging-21.3 pillow-9.0.1 pyparsing-3.0.7 python-dateutil-2.8.2 six-1.16.0
wordcloud-1.8.1

C:\Users\Administrator>
```

如果采用半自动安装方法，则需要预先下载 wordcloud 库的安装文件，如 "wordcloud-1.2.1-cp35-cp35m-win_amd64.whl"，以及其他环境支撑安装文件，然后按照要求逐个安装。

安装前，请在互联网中搜索相关安装文件。

页面加载完成后，选择并下载适合本机 Python 的 wordcloud 库版本，最后执行以下命令。

```
pip install filepath\wordcloud-1.2.1-cp35-cp35m-win_amd64.whl
```

其中，filepath 需替换为实际安装文件完整路径。

### 8.3.2　英文语句的词云

由于英文语句默认使用空格分词，因此使用 wordcloud 库可以直接对英文语句构造词云。下面根据英文语句 "I am learning Python every day with other classmates." 构造词云图片。

```
>>> import wordcloud                    #导入 wordcloud 库
>>> txt="I am learning Python every day with other classmates."    #英文语句
>>> cloud=wordcloud.WordCloud().generate(txt)                      #生成词云
>>> cloud.to_file("D:/txtcloud.png")                               #导出为词云图片
<wordcloud.wordcloud.WordCloud object at 0x0000022C01711080>
```

生成的词云图片如图 8-1 所示。

图 8-1　生成的词云图片（1）

WordCloud()函数的常用方法及其含义如表 8-3 所示。

**表 8-3 WordCloud()函数的常用方法及其含义**

| 方法 | 含义 |
| --- | --- |
| generate(text) | 根据文本生成词云 |
| to_file(filename) | 将词云保存成文件名为 filename 的图片文件 |

如果用于生成词云的内容保存在文件中，则需要先从文件中读出语句字符串，再使用 wordcloud 库生成词云。

**例 8-2** 已知文件"D:/english.txt"的内容如下。

HORATIO

Friends to this ground.

MARCELLUS

And liegemen to the Dane.

FRANCISCO

Give you good night.

MARCELLUS

O, farewell, honest soldier:

Who hath relieved you?

FRANCISCO

Bernardo has my place.

Give you good night.

Exit

根据该文件中的内容，生成词云图片。

【问题分析】

先从文件中读取字符串数据，然后使用 wordcloud 库，设置相关参数，生成词云图片。

【问题解答】

```
import wordcloud
#打开文件，读取字符串数据
txt=open('D:/english.txt','r').read()
#生成词云
wc=wordcloud.WordCloud(
    #设置背景色
    background_color='white',
    #允许最大词汇
    max_words=200,
    #最大号字体
    max_font_size=100,
    )
cloud=wc.generate(txt)
#导出为词云图片
cloud.to_file("D:/txtcloud.png")
```

生成的词云图片如图 8-2 所示。

图 8-2　生成的词云图片（2）

WordCloud()函数的参数及其含义如表 8-4 所示。

表 8-4　WordCloud()函数的参数及其含义

| 参数 | 含义 |
| --- | --- |
| font_path : string | 字体路径。需要使用什么字体就把该字体路径和文件名及扩展名写上，如 font_path='msyh.ttc' |
| width : int | 画布的宽度。默认为 400 像素 |
| height : int | 画布的高度。默认为 200 像素 |
| mask : nd-array or None | 词云形状。默认值为 None，即方形图。如果 mask 非空，设置的宽、高值会被忽略，形状被 mask 取代 |
| scale : float | 按照比例放大画布。默认值为 1。如果比例设置为 1.5，则长度和宽度都是原来画布的 1.5 倍 |
| max_font_size : int or None | 要显示词语的最大字号。默认值为 None |
| min_font_size : int | 要显示词语的最小字号。默认值为 4 |
| font_step : int | 字号步长。默认值为 1。如果步长大于 1，会加快运算速度但是可能导致结果出现较大的误差 |
| max_words : number | 要显示词语的最大个数。默认值为 200 |
| stopwords : set of strings or None | 设置需要屏蔽的词。如果为空，则使用内置的 stopwords |
| background_color : color value | 背景颜色。默认为黑色。如果 background_color='white'，则背景颜色为白色 |
| mode : string | 默认值为'RGB'。当参数为'RGBA'且 background_color 不为空时，背景透明 |

### 8.3.3　中文语句的词云

　　结合使用 jieba 库进行分词，可以实现用中文填充的词云图效果。如果不分词，就无法直接生成正确的中文词云。中文词云生成的一般过程是先使用 jieba 库将中文语句分词，然后用空格将词组连接成字符串，再对该字符串进行词云设计。

　　在使用中文填充词云时需要指定中文的字体，否则会出现中文乱码。例如，选择微软雅黑字体（msyh.ttc）作为中文字体，需要将 msyh.ttc 文件存放在 Python 源文件的同一目录下，或者在程序中指定文件存放的路径（如在本地计算机 C 盘找到 msyh.ttc 文件，将其复制并存放在"D:\"目录下）。

**例 8-3**　根据中文语句生成词云图片。

【问题解答】

```
import jieba
import wordcloud
#中文分词
txt="Python有超过12万个第三方库，几乎覆盖信息技术的所有领域，如网络爬虫、自动化、数据分析与可视化、Web
开发应用、机器学习等。"
#使用jieba库分词，并用空格将词组连接成字符串
newtxt=" ".join(jieba.lcut(txt))
#指定字体，生成词云
wc=wordcloud.WordCloud(font_path='D:/msyh.ttc',background_color='white',max_font_size=
30)
cloud=wc.generate(newtxt)
#导出为词云图片
cloud.to_file("D:/txtcloud.png")
```

生成的中文词云图片如图 8-3 所示。

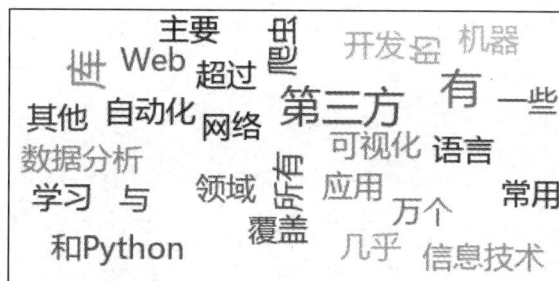

图 8-3　生成的中文词云图片（1）

在提供某些图片之后，使用 wordcloud 库可以生成某些形状的词云。

需要准备一张合适的图片，一般要求白色背景，大小适中，另存以备用。例如，将图 8-4 所示的图片另存为"D:/back.png"。

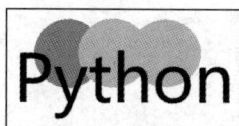

图 8-4　背景图片

此外，还需要安装用于读取图片文件的工具包 imageio，安装命令为 pip install imageio --user，安装示例如下。

```
C:\Users\Administrator>pip install imageio --user
Collecting imageio
  Downloading imageio-2.16.1-py3-none-any.whl (3.3 MB)
     -------------------------------------- 3.3/3.3 MB 2.7 MB/s eta 0:00:00
 Requirement already satisfied: numpy>=1.20.0 in c:\users\administrator\appdata\
local\programs\python\python37\lib\site-packages (from imageio) (1.21.5)
 Requirement already satisfied: pillow>=8.3.2 in c:\users\administrator\appdata\
local\programs\python\python37\lib\site-packages (from imageio) (9.0.1)
```

第三方库　第 8 章

```
Installing collected packages: imageio
 WARNING: The scripts imageio_download_bin.exe and imageio_remove_bin.exe are installed
in 'C:\Users\Administrator\AppData\Roaming\Python\Python37\Scripts' which is not on PATH.
 Consider adding this directory to PATH or, if you prefer to suppress this warning, use
--no-warn-script-location.
 Successfully installed imageio-2.16.1

C:\Users\Administrator>
```

注意　　部分 Python 解释器需要安装 SciPy 库，对应的安装命令为 pip install scipy。

例 8-4　根据中文语句和背景图片生成词云图片。

【问题解答】

```
import jieba
import wordcloud
from imageio import imread
#中文分词
txt="计算机程序又称"计算机软件"，它是指为了得到某种结果而可以由计算机等具有信息处理能力的装置执行的代码
化指令序列，或者可以被自动转换成代码化指令序列的符号化指令序列、符号化语句序列。随着电子技术的广泛应用，产
生了专门提供计算机所需软件的新兴工业部门及新型商品——计算机软件。"
#用空格将词组连接成字符串
newtxt=" ".join(jieba.lcut(txt))
#读取背景图片
back = imread("D:/back.png")
#指定字体，生成词云
wc=wordcloud.WordCloud(font_path='D:/msyh.ttc',mask=back,background_color='white',max_
font_size=50)
cloud=wc.generate(newtxt)
#导出为词云图片
cloud.to_file("D:/txtcloud.png")
```

生成的中文词云图片如图 8-5 所示。

图 8-5　生成的中文词云图片（2）

## 8.4　Matplotlib 库

对于文本数据与图表数据，人类更容易理解后者，因为图表数据更加直观且形象。使用图表来表示数据称为数据可视化。

Matplotlib 库是一款用于数据可视化的 Python 第三方库。它支持跨平台运行，能够根据数组来绘制二维图像，且使用简单、代码易懂。本节介绍 Matplotlib 库的简单应用。

安装 Matplotlib 库可以采用全自动安装方法。打开命令提示符窗口，输入下列命令。

```
pip install matplotlib
```

### 8.4.1　matplotlib.pyplot 的部分函数

matplotlib.pyplot 是一个函数集合，每一个 pyplot 函数都可以创建一个绘图区域；在绘图区域中添加一条数据线，各种状态通过函数调用和保存，随时可以跟踪当前图像和绘图区域。matplotlib.pyplot 的部分函数及介绍如下。

#### 1．plot() 函数

功能：绘制折线图，展示变量的变化趋势。

调用格式：plot(x, y, marker='o', linestyle ='-', linewidth=1)。

参数说明：

x 表示 x 轴上的数值，可省略，默认在[0,$N$-1]内递增，可以为元组类型或者序列类型，例如(1,3,5,7,9)、[1,3,5,7,9]和 range(5)；

y 表示 y 轴上的数值，可以为元组类型或者序列类型，例如(0.25, 0.89, 1.92, 1.03, 0.99)和[0.25,0.89,1.92,1.03,0.99]；

marker 表示点的形状，默认值为'o'，即小圆圈；

linestyle 表示折线图的线条风格；

linewidth 表示线宽。

例如，已知 y=[0.25,0.89,1.92,1.03,0.99]，x 默认为[1, 2, 3, 4, 5]，绘制折线图。代码如下。

```
import matplotlib.pyplot as plt
y=[0.25,0.89,1.92,1.03,0.99]
plt.plot(y)
plt.show()
```

例如，已知 x=[1,3,5,7,9]，y=[0.25,0.89,1.92,1.03,0.99]，绘制折线图。代码如下。

```
import matplotlib.pyplot as plt
x=[1, 3, 5, 7, 9]
y=[0.25,0.89,1.92,1.03,0.99]
plt.plot(x, y, marker='o' ,linestyle='-',linewidth=1)
plt.show()
```

#### 2．scatter() 函数

功能：绘制散点图，寻找变量之间的关系。

调用格式：scatter(x, y, s=20, c='b', marker='o', alpha=None, linewidths=1)。

参数说明：

x 和 y 表示长度相同的数组，绘制散点图的数据点；

s 表示点的大小，默认值为 20，可以是数组，数组的每个元素为对应点的大小；

c 表示点的颜色，默认值为'b'，即蓝色，也可以是 RGB 或 RGBA 二维数组；

marker 表示点的样式，默认值为'o'，即小圆圈；

alpha 表示透明度设置，取值范围为 0～1，默认值为 None，即不透明；

linewidths 表示标记点的宽度。

例如如下代码。

```
import matplotlib.pyplot as plt
x=[1, 3, 5, 7, 9]
y=[0.25, 0.89, 1.92, 1.03, 0.99]
plt.scatter(x,y)
plt.show()
```

### 3．xlabel()函数

功能：设置 x 轴的标签文本。

调用格式：xlabel(string)。

参数说明：string 表示标签文本内容。

### 4．ylabel()函数

功能：设置 y 轴的标签文本。

调用格式：ylabel(string)。

参数说明：string 表示标签文本内容。

## 8.4.2　绘制图表

应用 matplotlib.pyplot 工具包的各个函数可以将数据序列转换为各种类型的图表，直观显示数据的某些特征。

### 1．折线图

已知 5 个数据点对应的 x 轴、y 轴坐标列表分别为[1,2,3,4,5]和[0.25,0.89,1.92,1.03,0.99]，绘制折线图。代码如下。

```
import matplotlib.pyplot as plt
import matplotlib
font={"family":"Microsoft Yahei","size":10.0}
matplotlib.rc("font",**font)
plt.plot([1,2,3,4,5],[0.25,0.89,1.92,1.03,0.99],'-')
plt.xlabel("序号")
plt.ylabel("值")
plt.show()
```

其中，x=[1,2,3,4,5]，y=[0.25,0.89,1.92,1.03,0.99]，在二维平面上代表点(1, 0.25)、(2, 0.89)、(3, 1.92)、(4, 1.03)、(5, 0.99)。生成的实线折线图如图 8-6（a）所示。

此外，可以设置 plot()函数的参数，改变折线图的显示方式。例如如下代码。

```
import matplotlib.pyplot as plt
import matplotlib
font={"family":"Microsoft Yahei","size":10.0}
matplotlib.rc("font",**font)
plt.plot([1,2,3,4,5],[0.25,0.89,1.92,1.03,0.99],marker='o',linestyle='--')
plt.xlabel("序号")
plt.ylabel("值")
plt.show()
```

生成的虚线折线图如图 8-6（b）所示。

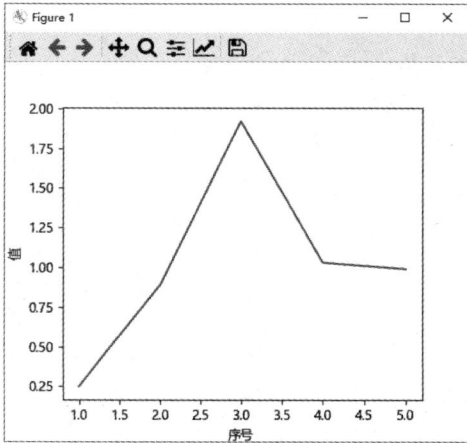
（a）实线折线图

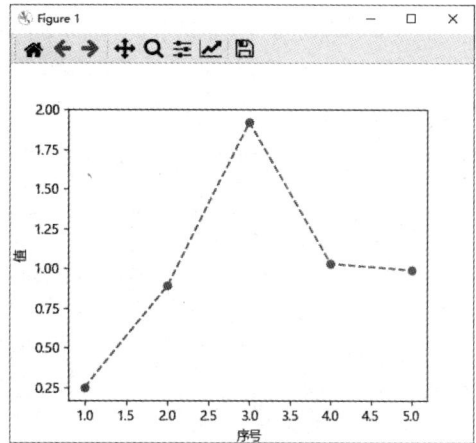
（b）虚线折线图

图 8-6　折线图

## 2．散点图

已知 31 个温度值，绘制散点图。代码如下。

```python
import matplotlib.pyplot as plt
import matplotlib
font={"family":"Microsoft Yahei","size":10.0}
matplotlib.rc("font",**font)
x=range(1,32)
y=[11,16,17,11,12,11,12,8,6,9,12,18,22,26,24,28,29,19,18,16,14,18,17,12,14,16,18,20,22,24,25]
plt.scatter(x, y)
plt.xlabel("序号")
plt.ylabel("温度值/摄氏度")
plt.show()
```

生成的散点图如图 8-7 所示。

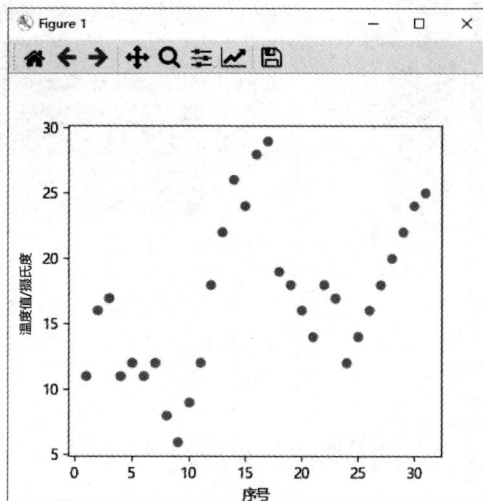

图 8-7　散点图

### 3．条形图

已知我国四大名著在某地区的阅读量统计数据，绘制条形图。代码如下。

```
#绘制垂直条形图
import matplotlib.pyplot as plt
import matplotlib
font = {"family":"Microsoft Yahei", "size":10.0}
matplotlib.rc("font", **font)
x=["红楼梦", "水浒传", "三国演义", "西游记"]
y=[78.25, 68.16, 75.83, 82.86]
plt.bar(range(len(x)), y)          #垂直条形图
plt.xticks(range(len(x)), x)       #类别名称
plt.xlabel("名著")
plt.ylabel("阅读量/本")
plt.show()
```

生成的垂直条形图如图 8-8（a）所示。

水平条形图的绘制方法类似于垂直条形图的绘制方法，大致代码如下。

```
…#省略数据部分
plt.barh(range(len(x)), y)         #水平条形图
plt.yticks(range(len(x)), x)       #类别名称
plt.xlabel("阅读量/本")
plt.ylabel("名著")
plt.show()
```

生成的水平条形图如图 8-8（b）所示。

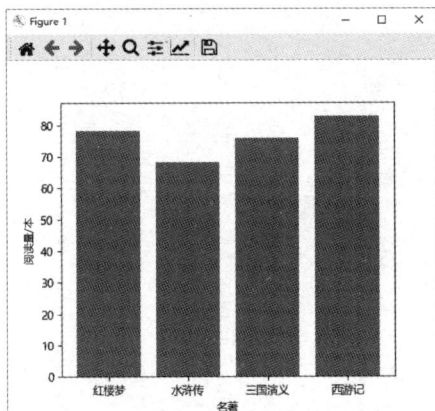 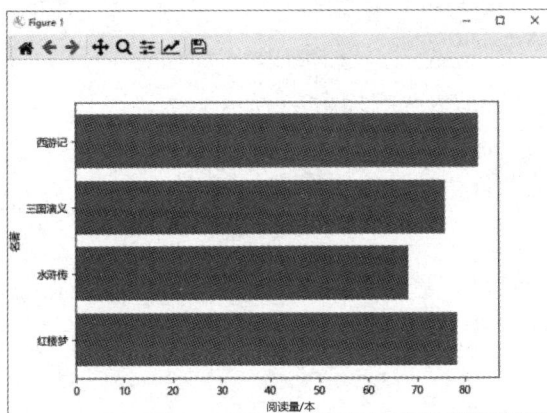

（a）垂直条形图　　　　　　　　　　　　　（b）水平条形图

图 8-8　条形图

## 8.5　实例解析 1：《西游记》词云

《西游记》的作者以丰富的想象力描写了师徒 4 人的取经历程，生动地表现了取经途中的

险阻，歌颂了取经人排除艰难的精神。本节将根据《西游记》全文文本文件，构建《西游记》词云。

【问题分析】

从互联网下载《西游记》的全文文本文件（.txt 格式），以 UTF-8 编码格式保存，处理过程分为词语切分、筛除非关键词语、构建词云 3 个步骤。

### 1．词语切分

使用只读模式从文本文件中读取全部字符，返回全文字符串。使用 jieba 库对该字符串进行分词，输出前 100 个词语。代码如下。

```
import jieba
#读入 TXT 文件
f=open('D:/book.txt', mode='r', encoding='UTF-8')
txt=f.read()
f.close()
#中文分词，输出前 100 个词语
words=jieba.lcut(txt)
for i in range(100):
  print(words[i])
```

其中，"D:/book.txt" 是文本文件的保存路径，开发者可根据实际情况修改。在分词完成之后，输出前 100 个词语，以了解词语的基本情况、确定是否需要筛选处理词语，运行结果大致如下。

```
==== RESTART: C:/Users/Administrator/Desktop/aaa.py ===========
Building prefix dict from the default dictionary ...
Loading model from cache C:\Users\ADMINI~1\AppData\Local\Temp\jieba.cache
Loading model cost 0.969 seconds.
Prefix dict has been built successfully.
西游记
吴承恩
著
上卷
第一回
灵根育孕
源流
...
```

从输出的词语可以看出，单字的词语需要剔除，双字的词语含有很多非关键词语，有些是数量词，例如"一个"，而 3 个字及 3 个字以上的词语数量适中，并且是关键词语的概率较高，适合纳入本次《西游记》关键词语词云的选词范围。

### 2．筛除非关键词语

分词结果以双字的词语居多，还有大量 3 个字及 3 个字以上的词语。本次示例操作筛选出 3 个字及 3 个字以上的词语，并按照该词语的出现次数降序排列。代码如下。

```
import jieba
#读入 TXT 文件
f=open('D:/book.txt', mode='r', encoding='UTF-8')
txt=f.read()
f.close()
```

```
#中文分词
words=jieba.lcut(txt)
#统计词频, 只保留长度大于 2 的词语
counts={}
for item in words:
    if len(item)>2:
        counts[item]=counts.get(item, 0)+1
#按照词语出现次数降序排列
items=list(counts.items())
items.sort(key=lambda x:x[1], reverse=True)
#输出前 100 个词语
for i in range(100):
    word, num=items[i]
    print(word,"---",num)
```

在分词和排序完成之后, 输出前 100 个词语, 大致结果如下。这里筛除了部分非关键词语, 下面继续筛除。

```
孙行者 --- 235
孙大圣 --- 201
一个个 --- 167
猪八戒 --- 131
孙悟空 --- 126
金箍棒 --- 124
那长老 --- 109
齐天大圣 --- 102
...
```

从结果可以看出, 非关键词语大致有 "那长老" "忍不住" "常言道" "不多时" "半空中" "没奈何" "打了个" "一壁厢" "古人云" "变作个" "止不住" "不打紧" "爬起来" "认不得" "一时间" "那话儿" "一口气" "两三个" "一个个" "下回分解" 等。

定义非关键词语集合, 并输出筛除非关键词语之后的 100 个词语, 完整程序如下。

```
import jieba
#读入 TXT 文件
f=open('D:/book.txt', mode='r', encoding='UTF-8')
txt=f.read()
f.close()
#中文分词
words=jieba.lcut(txt)
#统计词频, 只保留长度大于 2 的词语
counts={}
for item in words:
    if len(item)>2:
        counts[item]=counts.get(item, 0)+1
#按照词语出现次数从高到低排序
items=list(counts.items())
items.sort(key=lambda x:x[1], reverse=True)
#筛除非关键词语, 构建新的词语列表
excludes={"那长老","忍不住","常言道","不多时","半空中","没奈何","打了个","一壁厢","古人云","变作
```

```
个","止不住","不打紧","爬起来","认不得","一时间","那话儿","一口气","两三个","一个个","下回分解"}
keywords=[]
for item in items:
    word, num=item
    if word not in excludes:
        keywords.append(word)
for i in range(100):
    print(keywords[i])
```

运行结果大致如下。

```
孙行者
孙大圣
猪八戒
孙悟空
金箍棒
齐天大圣
沙和尚
…
```

### 3. 构建词云

使用 import 语句导入 wordcloud 库和 imageio 库，前者用于根据关键词语生成词云图片，后者用于读取词云的背景图片文件。

【问题解答】

根据《西游记》文本文件生成词云图片。读取背景图片、生成词云和导出为词云图片的完整程序如下。

```
import jieba
import wordcloud
from imageio import imread
#读入 TXT 文件
f=open('D:/book.txt', mode='r', encoding='UTF-8')
txt=f.read()
f.close()
#中文分词
words=jieba.lcut(txt)
#统计词频，只保留长度大于 2 的词语
counts={}
for item in words:
    if len(item)>2:
        counts[item]=counts.get(item, 0) + 1
#按照词语出现次数降序排列
items=list(counts.items())
items.sort(key=lambda x:x[1], reverse=True)
#筛除非关键词语，构建新的词语列表
excludes={"那长老","忍不住","常言道","不多时","半空中","没奈何","打了个","一壁厢","古人云","变作
个","止不住","不打紧","爬起来","认不得","一时间","那话儿","一口气","两三个","一个个","下回分解"}
keywords=[]
for item in items:
    word, num=item
```

```
    if word not in excludes:
        keywords.append(word)
#读取背景图片
back=imread("D:/back.png")
#生成词云
txt=" ".join(keywords)
wc=wordcloud.WordCloud(font_path='D:/msyh.ttc',mask=back,background_color='white',
max_words=200, max_font_size=80)
cloud=wc.generate(txt)
#导出为词云图片
cloud.to_file("D:/txtcloud.png")
```

其中，"D:/book.txt"是《西游记》文本文件，"D:/back.png"是词云的背景图片文件，"D:/txtcloud.png"是词云图片目标文件，开发者可以根据实际情况对它们进行修改。《西游记》关键词语词云图片如图 8-9 所示。

可以看出，jieba 库与 wordcloud 库结合使用，可以增强文本数据的展示效果。

图 8-9 《西游记》关键词语词云图片

## 8.6 实例解析 2：国家经济数据图表分析

国家统计局每年会公开许多经济数据，如国内生产总值数据等。本实例解析将以国家公开的 2000 年—2017 年国内生产总值数据为例展开，部分数据如表 8-5 所示。

表 8-5 2000 年—2017 年国内生产总值数据（部分）

| 序号 | 时间 | 国内生产总值_当季值（亿元） | 第一产业增加值_当季值（亿元） | 第二产业增加值_当季值（亿元） | 第三产业增加值_当季值（亿元） |
|------|------|------|------|------|------|
| 1 | 2000 年第一季度 | 21329.9 | 1908.3 | 9548 | 9873.6 |
| 2 | 2000 年第二季度 | 24043.4 | 3158.2 | 11127.5 | 9757.7 |
| 3 | 2000 年第三季度 | 25712.5 | 4140.6 | 11887 | 9684.9 |
| 4 | 2000 年第四季度 | 29194.3 | 5510.2 | 13102.3 | 10581.7 |
| 5 | 2001 年第一季度 | 24086.4 | 2015.3 | 10641.7 | 11429.4 |
| 6 | 2001 年第二季度 | 26726.6 | 3235 | 12312.9 | 11178.6 |
| 7 | 2001 年第三季度 | 28333.3 | 4453.8 | 12790.3 | 11089.3 |
| 8 | 2001 年第四季度 | 31716.8 | 5798.4 | 13915.8 | 12002.6 |
| 9 | 2002 年第一季度 | 26295 | 2147.6 | 11320 | 12827.3 |
| 10 | 2002 年第二季度 | 29194.8 | 3385.8 | 13300.1 | 12508.9 |
| 11 | 2002 年第三季度 | 31257.3 | 4731.2 | 14024.3 | 12501.8 |
| 12 | 2002 年第四季度 | 34970.3 | 5925.6 | 15461 | 13583.8 |

初步分析可以看出，国内生产总值数据分产业、年份、季度，国内生产总值数据具有可对比性，相同产业的数据也具有可对比性。使用相关工具分析部分数据的对比关系并绘图。

【问题分析】

我们可以从数据文件中提取不同的、可对比的数据，按步骤、有计划地进行分析，然后绘图。

先选择特定范围的数据。例如，第一季度的第一产业增加值、第二产业增加值和第三产业增加值具有可对比性，并且范围适中。再如，第一季度的第一产业增加值、第二产业增加值和第三产业增加值在国内生产总值中的占比也具有可对比性。然后将数据构建成列表，使用第三方库Matplotlib中的绘图工具以折线图、饼图等方式来显示数据之间的对比情况。

【问题解答】

数据包含多重相关关系，我们可以从多方面、分多个步骤进行数据分析。

## 1．从数据文件中获取数据

打开数据文件，读取数据，代码如下。

```
#读取数据
f=open("D:/2000-2017-data.csv", "rt")
data=f.read()
lines=data.strip("\n").split("\n")
f.close()
print(lines[0])
print(lines[1])
print(lines[2])
```

运行结果如下。

```
>>>
============== RESTART: C:/Users/Administrator/Desktop/ssss.py ==============
序号,时间,国内生产总值_当季值（亿元）,第一产业增加值_当季值（亿元）,第二产业增加值_当季值（亿元）,第三产
业增加值_当季值（亿元）,农林牧渔业增加值_当季值（亿元）,工业增加值_当季值（亿元）,建筑业增加值_当季值（亿
元）,批发和零售业增加值_当季值（亿元）,交通运输、仓储和邮政业增加值_当季值（亿元）,住宿和餐饮业增加值_当
季值（亿元）,金融业增加值_当季值（亿元）,房地产业增加值_当季值（亿元）,其他行业增加值_当季值（亿元）
1,2000年第一季度,21329.9,1908.3,9548.0,9873.6,1947.5,8798.7,777.1,2100.9,1379.4,570.5,
1235.9,933.7,3586.1
2,2000年第二季度,24043.4,3158.2,11127.5,9757.7,3209.7,9799.9,1359.0,2073.0,1571.7,536.5,
1124.0,904.7,3464.9
>>>
```

## 2．绘制第一季度折线图

在数据文件中，第1行是表头，第2行到第70行都是相关数据。

绘制第一季度国内生产总值折线图需要用到第3列"国内生产总值_当季值（亿元）"数据，并且筛选第一季度的值。代码如下。

```
…#省略读取数据的部分
value=[]
for i in range(1, 71, 4):
    item=lines[i].split(",")
    value.append(float(item[2]))
print(value)
```

使用折线图显示第一季度国内生产总值的完整代码如下。

```
import matplotlib.pyplot as plt
import matplotlib
font={"family":"Microsoft Yahei", "size":10.0}
```

```
matplotlib.rc("font", **font)
#读取数据
f=open("D:/2000-2017-data.csv", "rt")
data=f.read()
lines=data.strip("\n").split("\n")
f.close()
#第一季度国内生产总值
value=[]
for i in range(1, 71, 4):
    item=lines[i].split(",")
    value.append(float(item[2]))          #取"国内生产总值_当季值（亿元）"列的数据
#绘制折线图
plt.plot(range(len(value)),value,marker='o',linestyle='--')
plt.xlabel("序号")
plt.ylabel("当季值/亿元")
plt.savefig('D:/picture.png')
plt.show()
```

运行结果如图 8-10 所示。

此外，也可以将第一季度的"第一产业增加值_当季值（亿元）""第二产业增加值_当季值（亿元）""第三产业增加值_当季值（亿元）"数据都显示在一张折线图中，具体代码如下。

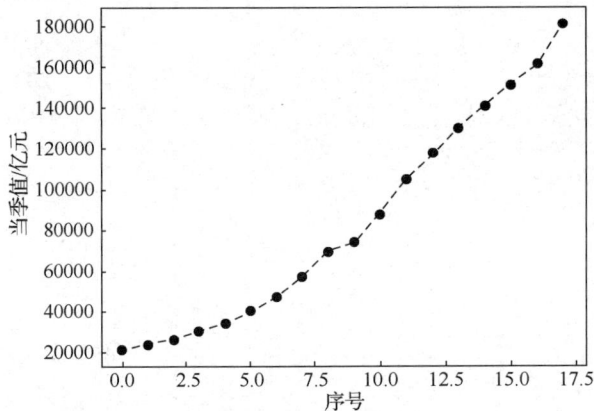

图 8-10    第一季度国内生产总值折线图

```
…#省略读取数据的部分
#第一季度第一、第二、第三产业增加值_当季值
value1=[]
value2=[]
value3=[]
for i in range(1, 71, 4):
    item=lines[i].split(",")
    value1.append(float(item[3]))          #取"第一产业增加值_当季值（亿元）"列的数据
    value2.append(float(item[4]))          #取"第二产业增加值_当季值（亿元）"列的数据
    value3.append(float(item[5]))          #取"第三产业增加值_当季值（亿元）"列的数据
#绘制折线图
plt.plot(range(len(value1)),value1,range(len(value2)),value2,range(len(value3)),value3,
marker='o',linestyle='--')
```

```
plt.xlabel("序号")
plt.ylabel("当季值/亿元")
plt.savefig('D:/picture.png')
plt.show()
```

运行结果如图 8-11 所示。

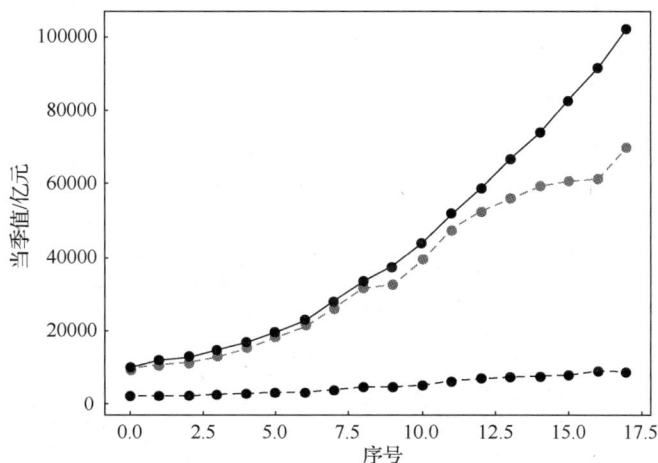

图 8-11　第一季度第一、第二、第三产业增加值_当季值折线图

在数据文件中，国内生产总值是所有产业及行业当季值的和，我们可以绘制折线图对"第一产业增加值_当季值（亿元）""第二产业增加值_当季值（亿元）""第三产业增加值_当季值（亿元）"在国内生产总值中的占比进行比较，大致代码如下。

```
…#省略读取数据的部分
#第一季度国内生产总值及第一、第二、第三产业增加值_当季值
value=[]
value1=[]
value2=[]
value3=[]
for i in range(1, 71, 4):
    item=lines[i].split(",")
    value.append(float(item[2]))        #取"国内生产总值_当季值（亿元）"列的数据
    value1.append(float(item[3]))       #取"第一产业增加值_当季值（亿元）"列的数据
    value2.append(float(item[4]))       #取"第二产业增加值_当季值（亿元）"列的数据
    value3.append(float(item[5]))       #取"第三产业增加值_当季值（亿元）"列的数据
for i in range(len(value)):
    value1[i]=value1[i]/value[i]
    value2[i]=value2[i]/value[i]
    value3[i]=value3[i]/value[i]
#绘制折线图
plt.plot(range(len(value1)),value1,range(len(value2)),value2,range(len(value3)),value3,
marker='o',linestyle='--')
plt.xlabel("序号")
plt.ylabel("当季值占比")
plt.savefig('D:/picture.png')
plt.show()
```

运行结果如图 8-12 所示。

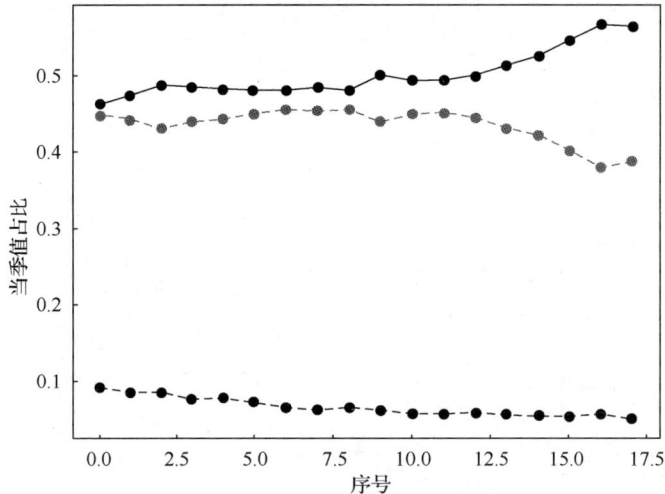

图 8-12　第一季度第一、第二、第三产业增加值—当季值在国内生产总值中的占比折线图

### 3．绘制第一季度饼图

将"第一产业增加值_当季值（亿元）""第二产业增加值_当季值（亿元）""第三产业增加值_当季值（亿元）"在国内生产总值中的占比平均化，得到 3 个产业占总国内生产总值的比例，并绘制饼图，相关代码如下。

```
…#省略读取数据的部分
#第一季度国内生产总值及第一、第二、第三产业增加值_当季值
value=[]
value1=[]
value2=[]
value3=[]
for i in range(1, 71, 4):
    item=lines[i].split(",")
    value.append(float(item[2]))            #取"国内生产总值_当季值（亿元）"列的数据
    value1.append(float(item[3]))           #取"第一产业增加值_当季值（亿元）"列的数据
    value2.append(float(item[4]))           #取"第二产业增加值_当季值（亿元）"列的数据
    value3.append(float(item[5]))           #取"第三产业增加值_当季值（亿元）"列的数据
for i in range(len(value)):
    value1[i]=value1[i]/value[i]
    value2[i]=value2[i]/value[i]
    value3[i]=value3[i]/value[i]
#绘制饼图
plt.rcParams['font.sans-serif']='SimHei'          #设置显示中文
plt.pie([sum(value1), sum(value2), sum(value3)], labels=['第一产业','第二产业','第三产业'],
colors=['yellow','lightgray','lightgreen'],autopct='%11f%%')
plt.savefig('D:/picture.png')
plt.show()
```

运行结果如图 8-13 所示。

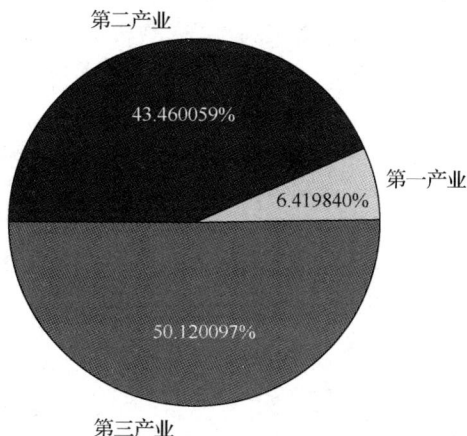

图 8-13　第一季度第一、第二、第三产业增加值_当季值在国内生产总值中的平均占比饼图

从上述图表分析可知，数据基本呈上升趋势，不同产业类型占比有差别，经济结构趋于合理化，经济增长趋势明显。

# 本章小结

本章首先介绍了 Python 第三方库的两种安装方法，并主要介绍了全自动安装命令 pip 的使用方法，然后介绍了用于中文分词的 jieba 库和可根据词语字符串生成词云图片的 wordcloud 库，接着简单介绍了 Matplotlib 库的使用方法，最后以《西游记》文本文件为示例，按照分词、筛选、构建词云图片的步骤说明了文字数据的大致处理过程，并以 2000 年—2007 年国内生产总值数据为例，对部分数据进行了图表分析。

# 扩展阅读

Python 从诞生之日起，就提供扩展接口，鼓励参与者通过编写库来扩展 Python 的功能。这些第三方库既可以是用 Python 编写的，也可以是用 C 语言编写的。

Pandas 是 Python 强大、灵活的结构化数据分析和探索工具，最初被用于金融数据分析。它包含 Series（一维数据）、DataFrame（二维数据）等高级数据结构和工具，可以从各种格式（如 CSV、JSON、SQL、Microsoft Excel）的文件中导入数据。安装 Pandas 可使 Python 更加快速地处理数据。其中，Series 类似于一维数组，由一组各种数据类型数据及一组与之相关的数据标签（索引）组成；DataFrame 是一个表格型数据结构，含有一组有序的列，每列的数据类型可以不同（如数值类型、字符串类型、布尔类型），既有行索引也有列索引，其可以被看作由 Series 组成的字典。

Scrapy 是一种功能强大的爬虫框架，支持爬取网站数据、提取结构性数据，数据爬取过程简单，能用于数据挖掘、监控，可将结果以 JSON、XML、CSV 或其他格式导出，还能拓展很多其他功能，如网站登录处理、自动提取图像等。

sklearn 是一个专门用来进行机器学习的库，广泛使用 NumPy 进行高性能线性代数运算和数组运算，主要功能是提供聚类、线性、分类、回归等算法处理数据，还能直接实现梯度提升、随机森林、$k$ 均值聚类等经典算法。

TensorFlow 用于编写涉及大量张量计算的新算法，利用 TensorFlow 可以很容易地将神经网络表示为计算图。其中，张量是代表数据的 $N$ 维矩阵，是机器学习的重要概念。

## 本章习题

**一、选择题**

1. 关于 pip 工具，下列说法错误的是（　　　）。
   A. 使用 pip 工具安装 Python 第三方库是最常用的方法
   B. 安装第三方库 jieba 的命令是 pip download jieba
   C. 使用 pip 工具可以安装已经下载好的.whl 安装文件
   D. 使用 pip 工具可以安装大部分 Python 第三方库

2. 关于 jieba 库，下列说法错误的是（　　　）。
   A. jieba 库是中文分词工具
   B. jieba 库可以增加自定义词语
   C. jieba 库中文分词的结果是字典类型
   D. jieba 库中文分词模式主要有精确模式和全模式

3. 关于 jieba 库，下列说法错误的是（　　　）。
   A. 可以切分中文语句字符串，适用于中文文本分析
   B. 将中文语句的所有词语都切分出来
   C. 可以对长词语再次切分，分解包含的词语
   D. 使用精确模式可以切分出来所有可能的中文词语

4. 关于 wordcloud 库，下列说法错误的是（　　　）。
   A. wordcloud 库是一个生成词云的库
   B. 默认分词方式是使用空格分词
   C. 由于英文语句使用空格分词，因此 wordcloud 库可以直接对英文语句生成词云
   D. 由于中文语句使用中文标点符号，因此 wordcloud 库可以直接对中文语句生成词云

5. 关于 jieba 库与 wordcloud 库结合用于中文语句词云，下列说法错误的是（　　　）。
   A. jieba 库用于读写文档，wordcloud 库用于生成词云
   B. jieba 库用于中文分词，wordcloud 库用于生成词云
   C. 在使用 jieba 库分词之后，wordcloud 库应用 jieba 库中文分词的结果
   D. 一般情况下，在用 jieba 库进行中文分词之后，需要将结果转换为以空格分隔的字符串

6. jieba 库常用的函数是（　　　）。
   A. jieba.lcut(s)　　　　　　　　　　　　B. jieba.lcut(s,cut_all=True)
   C. jieba.lcut_for_search(s)　　　　　　　D. jieba.add_word(w)

7. wordcloud 库中的 to_file(filename)方法的功能是（　　　）。
   A. 将词云保存成文件名为 filename 的图片文件
   B. 在 filename 路径下生成词云
   C. 设置生成词云的字体为 filename
   D. 设置生成词云的形状为 filename

8. matplotlib.pyplot 是一个函数集合，其中 plot()函数的功能是（　　　）。

    A. 绘制散点图　　　　B. 绘制折线图　　　　C. 绘制饼图　　　　D. 用户自己定义

9. 下面哪一项可以作为 plot(x, y)的实参 x 和 y？（　　　）

    A. x=1;2;3;4;5，y=0.25;0.89;1.92;1.03;0.99

    B. x=1,2,3,4,5，y=0.25,0.89,1.92,1.03,0.99

    C. x=[1,2,3,4,5]，y=[0.25,0.89,1.92,1.03,0.99]

    D. x={1,2,3,4,5}，y={0.25,0.89,1.92,1.03,0.99}

10. matplotlib.pyplot 是一个函数集合，其中 xlabel()函数的功能是（　　　）。

    A. 计算 $x$ 轴的长度　　　　　　　　　B. 计算 $x$ 轴的平均值

    C. 设置 $x$ 轴的标签文本　　　　　　　D. 设置 $y$ 轴的标签文本

**二、编程题**

1. 使用 jieba 库对"第三方库几乎覆盖信息技术的所有领域，如网络爬虫、自动化、数据分析与可视化、Web 开发应用、机器学习等"进行分词，输出分词结果。

2. 使用 jieba 库对"我昨天在学校食堂吃了鸡蛋面"进行分词，将"鸡蛋面"作为一个词语，输出分词结果。

3. 某同学的个人简介为"性格活泼开朗，处事沉着果断，能够顾全大局，擅长处理成员关系，能够团结一切力量，处理学习与工作之间的矛盾"，现要求应用 wordcloud 库为该简介内容创建词云图片。

4. 从互联网下载某小说的 TXT 文件，例如《红楼梦》，并应用 jieba 库和 wordcloud 库等对该小说的关键词语进行分析和创建词云图片。

# 习题参考答案

## 第 1 章

**一、选择题**

1. C　2. C　3. D　4. B　5. C　6. D　7. C　8. B

**二、编程题**

1. 使用键盘输入三角形的边长和高，计算并输出三角形的面积。

```
a=float(input())
h=float(input())
area=a*h/2
print("面积是{}。".format(area))
```

2. 阅读以下程序，若通过键盘依次输入如下两行内容，请给出输出结果。

```
name=input()
s=input()
print("name={}".format(s*3))
```

输入内容如下。

```
Number
3
```

输出结果：name=333。

## 第 2 章

**一、选择题**

1. C　2. A　3. A　4. A　5. D　6. A　7. C　8. D　9. A　10. C

**二、编程题**

1. 使用键盘输入一个 3 位以上的整数，输出该整数百位及以上的数字。

```
n=input("请输入一个超过 3 位的整数：",end="")
print("从百位到高位依次是：",end=" ")
for i in n[-3: :-1]:
    print(i,end=",")
```

2. 使用键盘输入一个英文句子，将英文句子按照空格分割，然后逐行输出。

```
ch=input("请输入一个英文句子: ")
for i in ch.split(" "):
    print(i)
```

3. 输入一个表示星期几的数字（1～7），输出对应的星期几的字符串名称。例如，输入3，输出"星期三"。

```
n=eval(input("输入一个表示星期几的数字（1～7）:"))
week=["星期一","星期二","星期三","星期四","星期五","星期六","星期天"]
print(week[n-1])
```

4. 设 $n$ 是一任意自然数，如果 $n$ 的各位数字反向排列所得的自然数与 $n$ 相等，则 $n$ 为回文数。使用键盘输入一个5位自然数，请编写程序判断这个自然数是不是回文数。

```
n=input("请输入一个5位自然数: ")
if n==n[-1::-1]:
    print(n+"是一个回文数")
else:
    print(n+"不是一个回文数")
```

5. 输入一个十进制整数，分别输出其二进制、八进制、十六进制形式。

```
b=eval(input("请输入一个十进制整数:"))
print(bin(b))
print(oct(b))
print(hex(b))
```

# 第3章

## 一、选择题

1. B   2. D   3. B   4. B   5. A   6. C   7. A   8. B   9. D   10. C

## 二、编程题

1. 使用键盘输入一个5位数，请编写程序判断这个数字是不是回文数。

```
numstr=input('请输入一个5位数: ')
constr=numstr[::-1]
if numstr==constr:
    print('{}是回文数'.format(numstr))
else:
    print('{}不是回文数'.format(numstr))
```

2. 某商场举办促销活动，根据顾客购买商品的总金额 $v$（单位为元）给予相应的折扣，具体折扣方案如下。

$v<200$，没有折扣；

$200 \leqslant v<400$，给予5%的折扣；

$400 \leqslant v<800$，给予10%的折扣；

$800 \leqslant v<1600$，给予15%的折扣；

$1600 \leqslant v$，给予20%的折扣。

使用键盘输入顾客购买商品的总金额，输出顾客实际需要支付的金额以及优惠的金额。

```
v=input('请输入总金额: ')
v=float(v)
if v<200:
    discount=0
elif v<400:
    discount=0.05
elif v<800:
    discount=0.1
elif v<1600:
    discount=0.15
else:
    discount=0.2
yh=v*discount
pay=v-yh
print('实际支付: {}元, 优惠: {}元'.format(pay,yh))
```

3. 假设一年期定期利率为 3.25%，按复利方式计算需要过多少年 10000 元的一年定期存款连本带息能翻番。说明：复利是指一年后本金与利息再充当本金。

```
bj=10000
lv=0.0325
goal=10000*2
year=0
while bj<goal:
    bj=bj*(1+lv)
    year+=1
print('需要{}年'.format(year))
```

4. 若干大众评委给某个选手打分，分值是 100 内的一个整数，若打分为 0 则终止打分，求出这个选手的最终平均分。要求：最终平均分保留两位小数。

```
zf=0
cnt=0
cj=int(input('请输入成绩: '))
while cj>0:
    zf=zf+cj
    cj=int(input('请输入成绩: '))
    cnt+=1
pjf=zf/cnt
print('平均分:{:.2f}'.format(pjf))
```

5. 猴子第一天摘下若干个桃子，当即吃了一半，还不过瘾，又多吃了一个。第二天早上将剩下的桃子吃掉一半，又多吃了一个，以后每天早上都吃了前一天剩下的一半多一个。到第 10 天早上想吃时，只剩下一个桃子了。求猴子第一天共摘了多少个桃子。

```
zs=1
for i in range(9,0,-1):
    zs=(zs+1)*2
print('第一天共摘了{}个桃子'.format(zs))
```

6. 四位玫瑰数是 4 位数的自幂数。自幂数是指一个 n 位数，它的每位上的数字的 n 次幂之和等于它本身。例如，当 n 为 3 时，有 $1^3+5^3+3^3=153$，153 即 n 为 3 时的一个自幂数。请输出所有 4 位数的四位玫瑰数，按照从小到大的顺序，每个数字占一行。

```
for i in range(1000,10000):
    s=str(i)
    t=0
    for c in s:
        t=t+int(c)**4
    if t==i:
        print(i)
```

# 第4章

## 一、选择题

1. C    2. D    3. A    4. B    5. D    6. B    7. A    8. B    9. D    10. B

## 二、编程题

1. 编写判断闰年的函数，输出 2000 年—2200 年的所有闰年，要求每行输出 7 个。

```
def leap(x):
    if x%400==0 or (x%4==0 and not x%100==0):
        return True
    else:
        return False
i=0
for year in range(2000,2200):
    if leap(year):
        i+=1
        print(year,end=",")
        if i>=7:
            i=0
            print()
```

2. 重复字符判定。编写一个函数，接收字符串作为参数，如果一个字符在字符串中出现了不止一次，则返回 True，否则返回 False。同时编写调用这个函数和输出测试结果的程序。

```
def fun(x):
    for i in x:
        if x.count(i)>=2:
            return True
    return False
s=input("请输入一个字符串：")
if fun(s):
    print("字符串中有重复字符！")
else:
    print("字符串中没有重复字符！")
```

3. 编写一个函数，计算输入字符串中数字字符的个数。

```
def isnum(s):
    c=0
    for i in s:
        if i>="0" and i<="9":
            c+=1
    return c
s=input("请输入一个字符串：")
print(isnum(s))
```

4. 使用键盘输入 4 个数，输出最小值。要求使用函数求最小值，并在程序中调用该函数。（思考可否设计求任意个数的最小值的函数）

```
def func(x,y,z,g):
    m=x
    for i in (x,z,g):
        if m>i:
            m=i
    return m
a,b,c,d=eval(input("请输入 4 个数: "))
print(func(a,b,c,d))
```

5. 输入一个正整数，输出它的所有质因子（所有为素数的因子）。例如，若输入 15，则输出 3 和 5。提示：可以通过编写判断素数的函数来实现。

```
def isprime(n):
    s=1
    for i in range(2,n):
        if n%i==0:
            s=0
            break
    if s==1:
        return True
p=eval(input("请输入一个正整数: "))
for j in range(2,p):
    if p%j==0 and isprime(j):
        print(j,end=",")
```

6. 利用辗转相除法编写求最大公约数的递归函数。

```
def func(a,b):
    if a%b==0:
        return b
    else:
        a,b=b,a%b
        return func(a,b)
x,y=eval(input("请输入两个自然数: "))
if x<y:
    x,y=y,x
print(func(x,y))
```

## 第 5 章

### 一、选择题

1. B  2. D  3. A  4. A  5. C  6. B  7. D  8. C  9. B  10. C
11. B  12. B  13. C  14. A  15. B  16. A  17. A  18. B  19. C  20. A

### 二、编程题

1. 编写程序，在由 26 个小写字母和 1~9 这 9 个数字组成的列表中随机生成 10 个 8 位密码。

```
import random
times=eval(input('请输入生成密码个数: '))
se="abcdefghijklmnopqrstuvwxyz"
```

```
sn="123456789"
l=list(se)+list(sn)
for i in range(times):
    p=random.choices(l,k=8)
    password="".join(p)
    print("password{}:{}".format(i+1,password))
```

2. 获取用户输入的一个整数 *N*，输出 *N* 中出现的不同数字的和。例如，若用户输入 123123123，则出现的不同数字为 1、2、3，这几个数字的和为 6。

```
msg=input('请输入一个整数：')
lst=list(set(msg))
sigma=0
for i in lst:
    sigma+=int(i)
print(sigma)
```

3. 生成 10 个在[1,1000]内的随机数，并将它们升序排列。

```
import random
s=list()
for i in range(10):
    s.append(random.randint(1,1000))
s.sort()
print(s)
```

4. 统计单词出现的次数。例如，用户输入英文句子，单词之间以空格为分隔符，输出每个单词及其出现的次数。

```
dic={}
sentence=input('请输入英文句子:')
lst=sentence.split(' ')
for num in lst:
    count=lst.count(num)
    dic[num]=count
managed_list=sorted(dic.items())
for i in range(len(managed_list)):
    print(managed_list[i][0], managed_list[i][1])
```

5. 文本词频统计，输出出现次数前 10 的单词。

```
lizi="……"#省略号表示英文文本
words=lizi.split()
counts={}
for word in words:
    if word in counts:
        counts[word]+=1
    else:
        counts[word]=1
items=list(counts.items())
items.sort(key=lambda x:x[1],reverse=True)
for i in range(10):
    word,count=items[i]
    print("{0:<10}{1:>5}".format(word,count))
```

## 第6章

**一、选择题**

1. A    2. C    3. B    4. D    5. B    6. A    7. D    8. C

**二、编程题**

1. 编写程序，实现用户输入一个文本文件名，打开这个文件，逐页显示该文件的内容且每次默认显示行数为 10 行，每 10 行显示完后给用户一个提示信息"是否继续阅读？[Y(yes),N(no)]"，如果输入 Y 或 y，则接着显示下 10 行，输入 N 或 n 则退出。

```python
file=input("请输入文件名:")
f=open(file,"r")
while True:
    a=0
    for i in range(10):
        b=f.readline()
        if b:
            a+=1
            print(b)
        else:
            print("\n file over!" )
            break
    choice=input("是否继续阅读?[Y(yes),N(no)]").upper()
    if choice=="N":
        break
f.close()
```

2. 查阅资料了解什么是"中国精神"，结合自己所学专业，把自己的领悟到的"中国精神"写入"姓名.txt"文件中。然后，编写程序按行读取"姓名.txt"文件中的内容，逐行输出，并能在文件末尾输入感想。

```python
fp=open("qq.txt","r+")
s=fp.readline()
print(s)
while s!='':
    s=fp.readline()
    print(s)
s=input("请输入新的感想: ")
fp.write("\n"+s)
fp.close()
```

## 第7章

**一、选择题**

1. A    2. B    3. B    4. B    5. D    6. A    7. A    8. B    9. C    10. B

**二、编程题**

1. 使用 turtle 库绘制一个蜂窝状正六边形。

```python
from turtle import*
for h in range(6):
    fd(100)
    rt(60)
```

2. 使用 turtle 库绘制一组半径分别为 10、40、80 和 160 像素的同切圆。

```
import turtle
turtle.pensize(2)
turtle.circle(10)
turtle.circle(40)
turtle.circle(80)
turtle.circle(160)
```

3. 利用 random 库生成一个包含 10 个 0~100 内随机整数的列表。

```
import random
for i in range(10):
    print(random.randint(1,100),end=' ')
```

4. 编写一个"猜数字游戏"的程序，在 1~1000 内随机产生一个数，然后请用户循环猜这个数字，程序对每个错误答案只回答"猜大了"或"猜小了"，直到猜对为止，输出"猜对了"和用户的猜测次数。

```
import random
target=random.randint(1,1000)
count=0
while True:
    guess=eval(input('请输入一个猜测的整数（1至1000）: '))
    count=count+1
    if guess>target:
        print('猜大了')
    elif guess<target:
        print('猜小了')
    else:
        print('猜对了')
        break
print("此轮的猜测次数是: ",count)
```

# 第 8 章

## 一、选择题

1. B    2. C    3. D    4. D    5. A    6. A    7. A    8. B    9. C    10. C

## 二、编程题

1. 使用 jieba 库对"第三方库几乎覆盖信息技术的所有领域，如网络爬虫、自动化、数据分析与可视化、Web 开发应用、机器学习等"进行分词，输出分词结果。

```
import jieba
ls=jieba.lcut("第三方库几乎覆盖信息技术的所有领域，如网络爬虫、自动化、数据分析与可视化、Web 开发应用、
机器学习等")
print(ls)
```

2. 使用 jieba 库对"我昨天在学校食堂吃了鸡蛋面"进行分词，将"鸡蛋面"作为一个词语，输出分词结果。

```
import jieba
jieba.add_word("鸡蛋面")
```

```
ls=jieba.lcut("我昨天在学校食堂吃了鸡蛋面")
print(ls)
```

3. 某同学的个人简介为"性格活泼开朗，处事沉着果断，能够顾全大局，擅长处理成员关系，能够团结一切力量，处理学习与工作之间的矛盾"，现要求应用 wordcloud 库为该简介内容创建词云图片。

```
import jieba
import wordcloud
txt="性格活泼开朗，处事沉着果断，能够顾全大局，擅长处理成员关系，能够团结一切力量，处理学习与工作之间的矛盾"
newtxt=" ".join(jieba.lcut(txt))
wc=wordcloud.WordCloud(font_path='D:/msyh.ttc', background_color='white')
cloud=wc.generate(newtxt)
cloud.to_file("D:/txtcloud.png")
```

4. 略。

# 附录 B  Python 中的关键字

在 Python 3.5.3 环境下，输入命令 import keyword 和 keyword.kwlist 即可查看 Python 中的关键字（见表 B-1）。

表 B-1  Python 中的关键字

| 序号 | 关键字 | 序号 | 关键字 | 序号 | 关键字 | 序号 | 关键字 | 序号 | 关键字 |
|---|---|---|---|---|---|---|---|---|---|
| 1 | False | 8 | None | 15 | True | 22 | and | 29 | as |
| 2 | assert | 9 | break | 16 | class | 23 | continue | 30 | def |
| 3 | del | 10 | elif | 17 | else | 24 | except | 31 | finally |
| 4 | for | 11 | from | 18 | global | 25 | if | 32 | import |
| 5 | in | 12 | is | 19 | lambda | 26 | nonlocal | 33 | not |
| 6 | or | 13 | pass | 20 | raise | 27 | return | 34 | — |
| 7 | while | 14 | with | 21 | yield | 28 | try | 35 | — |

# 附录 C  Python 内置函数

Python 解释器内置了很多函数（见表 C-1），任何时候都能使用。

表 C-1  Python 内置函数

| 序号 | 内置函数 | 序号 | 内置函数 | 序号 | 内置函数 | 序号 | 内置函数 | 序号 | 内置函数 |
|------|---------|------|---------|------|---------|------|---------|------|---------|
| 1 | abs() | 16 | aiter() | 31 | all() | 46 | any() | 61 | anext() |
| 2 | ascii() | 17 | bin() | 32 | bool() | 47 | breakpoint() | 62 | bytearray() |
| 3 | bytes() | 18 | callable() | 33 | chr() | 48 | classmethod() | 63 | compile() |
| 4 | complex() | 19 | delattr() | 34 | dict() | 49 | dir() | 64 | divmod() |
| 5 | enumerate() | 20 | eval() | 35 | exec() | 50 | filter() | 65 | float() |
| 6 | format() | 21 | frozenset() | 36 | getattr() | 51 | globals() | 66 | hasattr() |
| 7 | hash() | 22 | help() | 37 | hex() | 52 | id() | 67 | input() |
| 8 | int() | 23 | isinstance() | 38 | issubclass() | 53 | iter() | 68 | len() |
| 9 | list() | 24 | locals() | 39 | map() | 54 | max() | 69 | memoryview() |
| 10 | min() | 25 | next() | 40 | object() | 55 | oct() | 70 | open() |
| 11 | ord() | 26 | pow() | 41 | print() | 56 | property() | 71 | range() |
| 12 | repr() | 27 | reversed() | 42 | round() | 57 | set() | 72 | — |
| 13 | slice() | 28 | sorted() | 43 | staticmethod() | 58 | str() | 73 | — |
| 14 | super() | 29 | tuple() | 44 | type() | 59 | vars() | 74 | — |
| 15 | __import__() | 30 | setattr() | 45 | sum() | 60 | zip() | 75 | — |